国家级实验教学示范中心基础化学实验系列教材

普通高等教育"十二五"规划教材

基础化学实验4
物性参数与测定

马志广　庞秀言　主编

霍树营　沈福刚　王　静　张翠妙　副主编

第2版
2nd Edition

U0205592

化学工业出版社

·北京·

《基础化学实验4——物性参数与测定》第二版是《基础化学实验》第二版系列中的一册，内容包括旧体系中无机化学实验、物理化学实验、化工基础实验等有关物性及反应参数测定等方面的内容。实验原理部分较为详细。通过这些实验使学生掌握物性及反应参数测定的基本方法和技能，巩固和加深学生对相关化学原理的理解，从而提高对化学知识灵活运用的能力。

《基础化学实验》第二版系列教材可作为高等学校化学、化工、应用化学、材料化学、高分子材料与工程、药学、医学、生命科学、环境科学、环境工程、农林等相关专业本科生基础化学实验教材，也可作为有关人员的参考用书。在使用时各校可结合具体的教学计划、教学时数、实验室条件等加以取舍，也可根据实际需要增减内容或提高要求等。

图书在版编目（CIP）数据

基础化学实验4，物性参数与测定/马志广，庞秀言主编.
—2版.—北京：化学工业出版社，2016.11
国家级实验教学示范中心基础化学实验系列教材
普通高等教育"十二五"规划教材
ISBN 978-7-122-28232-3

Ⅰ.①基⋯　Ⅱ.①马⋯②庞⋯　Ⅲ.①化学实验-高等学校-教材　Ⅳ.①O6-3

中国版本图书馆 CIP 数据核字（2016）第 240246 号

责任编辑：刘俊之　　　　　　　　　　　　装帧设计：韩　飞
责任校对：边　涛

出版发行：化学工业出版社（北京市东城区青年湖南街 13 号　邮政编码 100011）
印　　装：高教社（天津）印务有限公司
787mm×1092mm　1/16　印张 11¾　字数 288 千字　2017 年 3 月北京第 2 版第 1 次印刷

购书咨询：010-64518888（传真：010-64519686）　售后服务：010-64518899
网　　址：http://www.cip.com.cn
凡购买本书，如有缺损质量问题，本社销售中心负责调换。

定　　价：39.00 元

前　言

《基础化学实验》第二版系列教材，以强化基础训练为核心，以培养学生良好的科学实验规范为主要教学目标，以化学实验原理、方法、手段、操作技能和仪器使用为主要内容，逐步培养学生文献查阅、科研选题、实验组织、实验实施、实验探索、结果分析与讨论、科研论文的撰写能力，培养学生创新能力，为综合化学实验和研究创新实验打下良好的基础。在实验教学内容上增加现代知识、现代技术容量，充分融合化学实验新设备、新方法、新技术、新手段，将最新科研成果转化为优质实验教学资源，从宏观上本着宽领域、渐进式、交互式、创新式、开放式来编排，将原隶属于《无机化学实验》《有机化学实验》《物理化学实验》《分析化学实验》《仪器分析实验》和《化工基础实验》的相关内容按照新的实验教学体系框架综合整编为《基础化学实验 1——基础知识与技能》《基础化学实验 2——物质制备与分离》《基础化学实验 3 ——分析检测与表征》《基础化学实验 4——物性参数与测定》《基础化学实验 5—— 综合设计与探索》五个分册，力争实现基础性和先进性的有机结合，教学与科研和应用的结合。

《基础化学实验》系列教材第一版出版于 2009 年。近几年由于实验教学资金投入力度加大，仪器设备更新很快，有些实验项目需随之更新。另外教材使用中发现的一些错误和不严谨之处，在第二版中进行了修改，并删除、补充了实验项目，力争使教材更符合实际教学的要求。

本系列教材可作为高等学校化学、化工、应用化学、材料化学、高分子材料与工程、药学、医学、生命科学、环境科学、环境工程、农林等相关专业本科生基础化学实验教材，也可作为有关人员的参考用书。在使用时各校可结合具体的教学计划、教学时数、实验室条件等加以取舍，也可根据实际需要增减内容或提高要求等。

《基础化学实验 4——物性参数与测定》第二版包括旧体系中无机化学实验、物理化学实验、化工基础实验等有关物性及反应参数测定等方面的内容。实验原理部分较为详细，力求实验前通过预习对有关内容能有较深的理解。通过这些实验使学生掌握物性及反应参数测定的基本方法和技能，巩固和加深学生对相关化学原理的理解，从而提高对化学知识灵活运用的能力。

本教材第 1 章由沈福刚、王静编写；第 2 章和第 4 章由霍树营编写，第 3 章由马志广编写，第 5 章由张翠妙编写，第 6 章由庞秀言编写，全书由马志广统稿。

本书的编写，参考了相关教材、国家标准和期刊文献等有关内容，在此深表谢意。

感谢河北大学化学与环境科学学院和化学工业出版社给予的大力支持。在教材修订过程中，教研室其他教师对实验项目进行了认真审阅，并提出了宝贵意见，在此表示感谢。

由于编者水平有限，本书会有不少缺点或不足之处，恳切希望读者批评指正。

编者
2016 年 6 月

第一版前言

根据教育部《关于进一步深化本科教学改革、全面提高教学质量的若干意见》、《高等学校本科教学质量与教学改革工程》、《普通高等学校本科化学专业规范》等相关要求，在知识传授、能力培养、素质提高、协调发展的教育理念和以培养学生创新能力为核心的实验教学观念指导下，在研究化学实验教学与认知规律的基础上，将实验内容整合为基础型实验、综合型实验和研究创新型实验三大模块，形成"基础—综合—研究创新"交叉递进式三阶段实验教学新体系。学生在接受系统的实验基本知识、基本技术、基本操作训练的基础上，进行一些综合性、设计性实验训练，而后通过创新实验进入毕业论文与设计环节，完成实验教学与科研的对接。

《基础化学实验》系列教材是在上述实验教学体系框架下，以强化基础训练为核心，以培养学生良好的科学实验规范为主要教学目标，以化学实验原理、方法、手段、操作技能和仪器使用为主要内容，逐步培养学生文献查阅、科研选题、实验组织、实验实施、实验探索、结果分析与讨论、科研论文的撰写能力，培养学生创新能力，为综合化学实验和研究创新实验打下良好的基础。在实验教学内容上增加现代知识、现代技术容量，充分融合化学实验新设备、新方法、新技术、新手段，将最新科研成果转化为优质实验教学资源，从宏观上本着宽领域、渐进式、交互式、创新式、开放式来编排，将原隶属于《无机化学实验》、《有机化学实验》、《物理化学实验》、《分析化学实验》、《仪器分析实验》和《化工基础实验》的相关内容按照新的实验教学体系框架综合整编为《基础化学实验1——基础知识与技能》、《基础化学实验2——物质制备与分离》、《基础化学实验3——分析检测与表征》、《基础化学实验4——物性参数与测定》、《基础化学实验5——综合设计与探索》五个分册，力争实现基础性和先进性的有机结合，教学与科研和应用的结合。

本系列图书可作为高等学校化学、化工、应用化学、材料化学、高分子材料与工程、药学、医学、生命科学、环境科学、环境工程、农林、师范院校等相关专业本科生基础化学实验教材，也可作为有关人员的参考用书。在使用时各校可结合具体的教学计划、教学时数、实验室条件等加以取舍，也可根据实际需要增减内容或提高要求等。

《基础化学实验4——物性参数与测定》分册的第1章由王静、霍树营编写；第2章由霍树营编写，第3章由马志广编写，第4章、第5章由李妍编写，第6章由庞秀言编写，全书由马志广教授统稿。书中包括旧体系中无机化学实验、物理化学实验、化工基础实验等有关物性及反应参数测定等方面的内容。实验原理部分较为详细，力求实验前通过预习对有关内容能有较深的理解。通过这些实验使学生掌握物性及反应参数测定的基本方法和技能，巩固和加深学生对相关化学原理的理解，从而提高对化学知识灵活运用的能力。

　　本书的编写，参考了相关教材、国家标准和期刊文献等有关内容，在此深表谢意。

　　感谢河北大学化学与环境科学学院和化学工业出版社给予的大力支持。由于编者水平有限，本书肯定会有不少缺点，恳切希望读者批评指正。

编者

2009 年 2 月

目　录

第1章 热 力 学

实验 1 气体密度法测定二氧化碳的分子量

一、实验目的

1. 掌握分析天平的称量操作。
2. 了解气体密度法测定气体分子量的原理。
3. 测定二氧化碳的分子量。

二、实验原理

分子量是指组成分子的所有原子的原子量的总和，符号为 M_r。对于分子量的单位有两种说法。一种说法是：单位是道尔顿（Dalton，Da，D）；另一种说法是：分子量的量纲为1。也称为"相对分子质量"。

分子量是物质分子或特定单元的平均质量与碳-12（^{12}C 原子量为 12 的碳原子）原子质量的 1/12 之比，等于分子中原子的原子量之和。如二氧化硫（SO_2）的分子量为 64.06，即为一个硫原子和两个氧原子的原子量之和。

测定物质的分子量的常用方法有以下几种：气体密度法，杜马法，还有利用稀溶液的依数性来测定物质的分子量等方法。本实验采用气体密度法测定二氧化碳的分子量。

根据阿伏加德罗定律，同温、同压、同体积的气体含有相同的分子数，即物质的量相同。因此在相同温度和相同压力下，两种相同体积的不同气体的质量 m_1 和 m_2 之比就等于它们的分子量（M_1 和 M_2）之比。

$$\frac{m_1}{m_2}=\frac{M_1}{M_2} \quad \text{或} \quad M_1=\frac{m_1}{m_2}M_2 \tag{1}$$

本实验是把同体积的二氧化碳气体与空气（其平均分子量为 29.0）相比，这时，二氧化碳的分子量可根据下式计算。

$$M_{CO_2}=\frac{m_{CO_2}}{m_{air}}\times 29.0 \tag{2}$$

m_{CO_2}、m_{air} 分别为同体积的二氧化碳和空气的质量，M_{CO_2} 为二氧化碳的分子量，当将一个玻璃容器，例如锥形瓶（其中充满了空气），先进行称量（G_1），然后将其充满二氧化碳并在同一温度和压力下称量（G_2），两者之差（G_2-G_1）也就是同体积的二氧化碳与空气的质量之差，即：

$$m_{CO_2}-m_{air}=G_2-G_1$$

所以

$$m_{CO_2} = (G_2 - G_1) + m_{air} \qquad (3)$$

至于空气的质量 m_{air}，可以用理想气体状态方程式，由瓶的容积 V，实验时的温度 $T(\text{℃})$ 和压力 $p(\text{Pa})$ 计算出来，即：

$$m_{air} = \frac{29.0 p V}{R(273 + T)} \qquad (4)$$

为了求出瓶的容积，可将瓶内充满水并称量（G_3），充满水的瓶（带塞）质量和充满空气的瓶（带塞）质量之差便是水与空气的质量之差，即 $m_{H_2O} - m_{air}$，实际上也就是水的质量（略去 m_{air}），m_{H_2O} 除以水的密度（$1.00\text{g} \cdot \text{mL}^{-1}$），便得出瓶的体积 V。

这样，将 V、p 和 T 值代入式（4）便求出 m_{air}，进一步由式（3）求出 m_{CO_2}，最后将 m_{CO_2} 和 m_{air} 代入式（2）便求出二氧化碳的分子量。

三、仪器与试剂

启普发生器；锥形瓶（150mL）；托盘天平；分析天平。

稀盐酸（工业）；浓硫酸（工业）；饱和 $NaHCO_3$ 溶液；大理石。

四、实验步骤

① 取一个洁净而且干燥的具塞锥形瓶，在分析天平上准确称量锥形瓶和塞子的质量 G_1（准确至 0.0001g）。

② 从启普发生器中以大理石和稀盐酸为原料制取 CO_2（或使用钢瓶中的二氧化碳气体），通过缓冲瓶、水、饱和 $NaHCO_3$ 溶液、浓硫酸和玻璃丝，成为纯净干燥的 CO_2 之后，导入锥形瓶内。因为二氧化碳气体的相对密度大于空气，所以只需要把导气管插入瓶底，就可以把空气赶尽，等 3～4min 后，慢慢取出导气管，用塞子塞住瓶口（记住塞子应达到原来塞入的位置），再在分析天平上称得质量 G_2（准确至 0.0001g），然后重复通入二氧化碳气体和称量的操作，直到前后两次的质量差在 1～2mg 为止，这时可以认为瓶内的空气已完全被二氧化碳排出。此时的质量即为充满 CO_2 的锥形瓶和瓶塞的质量。

3. 往锥形瓶内装满水，塞好塞子（注意位置！）。再在托盘天平上称量（G_3）。此时 G_3 为装满水的锥形瓶和瓶塞的质量。从求得的水的质量计算出锥形瓶的容积 V，记下实验时的温度 $T(\text{℃})$ 和大气压 $p(\text{kPa})$。

五、数据处理

1. 根据测定结果，填写下列表格。

实验时的室温 $T/\text{℃}$		实验时的大气压 p/kPa	
充满空气的瓶和塞 G_1/g		充满 CO_2 的瓶和塞 G_2/g	
充满水的瓶和塞 G_3/g		瓶的容积 $V = \dfrac{G_3 - G_1}{1.00}/\text{mL}$	
m_{air}/g		$m_{CO_2} = (G_2 - G_1) + m_{air}/\text{g}$	
$M_{CO_2} = \dfrac{m_{CO_2}}{m_{air}} \times 29.0$		误差/%	

2. 分析产生误差的主要原因。

六、思考题

1. 从气体发生器出来的二氧化碳中可能含有哪些杂质？如何除去它们？

2. 为什么充满二氧化碳的锥形瓶和塞子的质量要在分析天平上称量，而充满水的锥形瓶和塞子的质量可以在托盘天平上称量？

3. 在实验室用大理石制备 CO_2 气体时，为何不用硫酸和浓盐酸，而用稀盐酸？

实验 2　阿伏加德罗常数的测定

一、实验目的

1. 掌握阿伏加德罗常数的概念，了解其应用。
2. 电解法测定阿伏加德罗常数。

二、实验原理

阿伏加德罗常数是一个基本物理常数，它是指 1mol 物质所包含的实物粒子个数。阿伏加德罗常数在数值上与 0.012kg 碳-12 的原子数目相等。测定阿伏加德罗常数就是要准确确定一定质量物质所包含的原子个数，这是一个极富挑战性的课题。阿伏加德罗常数是联系宏观世界与微观世界的桥梁。它的测定已经成为现代物理化学领域的前沿课题。对于在原子、分子层次和量子水平上研究和解决计量基准问题十分重要。

测定阿伏加德罗常数的方法有很多种，如 X 射线晶体密度法、功率天平法、单分子膜法、电解水法、电解铜法等。这些方法理论成熟，精确度较高。本实验采用电解 $CuSO_4$ 溶液法进行测定。

实验中，将两块已知质量的铜片分别作阴极和阳极，以 $CuSO_4$ 溶液作电解质进行电解，则在阴极上 Cu^{2+} 获得电子后析出金属铜，沉积在铜片上，使 Cu 电极的质量增加；在阳极上等质量的金属铜溶解生成 Cu^{2+}，进入溶液，因而铜片的质量减少。

阴极反应：$\qquad\qquad\qquad Cu^{2+} + 2e^- \longrightarrow Cu$

阳极反应：$\qquad\qquad\qquad Cu \longrightarrow Cu^{2+} + 2e^-$

电解时，电流强度为 $I(A)$，则在时间 $t(s)$ 内通过的总电量 $Q(C)$ 是：

$$Q = It \qquad\qquad\qquad (1)$$

假设在阴极上铜片增加的质量为 $m(g)$，则每增加 1g 所需的电量为 $It/m(C \cdot g^{-1})$，因为 1mol 铜的质量为 63.5g，所以电解得到 1mol 铜所需的电量为：

$$Q = \frac{It}{m} \times 63.5(C) \qquad\qquad\qquad (2)$$

已知一个一价离子所带的电量（即一个电子带的电量）是 $1.60 \times 10^{-19}C$，一个二价离子（Cu^{2+}）所带的电量是 $2 \times 1.60 \times 10^{-19}C$，则 1mol 铜所含的原子数为：

$$N_A = \frac{It \times 63.5}{m \times 2 \times 1.60 \times 10^{-19}} \qquad\qquad\qquad (3)$$

同理，在阳极上铜的质量减少为 $m'(g)$，则每减少 1g 所需的电量为 It/m'，同样也得出 1mol 铜所含的原子数目为：

$$N_A' = \frac{It \times 63.5}{m' \times 2 \times 1.60 \times 10^{-19}} \tag{4}$$

理论上，阴极上 Cu^{2+} 得到的电子数目和阳极上 Cu 失去的电子数目应该相等，因此在无副反应的情况下，阴极增加的质量应该等于阳极减少的质量，但往往因铜片不纯，含有一些重金属杂质，因而使阳极减少的质量一般比阴极增加的质量偏高，所以从阳极失重称得的结果有一定的误差，一般从阴极质量增加的结果计算的数据较为准确。

三、仪器与试剂

分析天平；毫安表；变阻箱；直流电源；电线；开关；烧杯（100mL）；量筒（100mL）。

$CuSO_4$ 溶液（125g·L^{-1}）；无水酒精；纯紫铜片（3cm×5cm）。

四、实验步骤

1. 取 3cm×5cm 纯紫铜片两块，分别用砂纸擦去表面氧化物，然后用水洗净，再用蘸有酒精的棉花擦净，晾干，待完全干后（放在一个干净、干燥的表面皿内），在分析天平上称量（精确至 0.0001g）。一片作阴极，另一片作阳极（以黑色接线柱连接阴极，以红色接线柱连接阳极）。

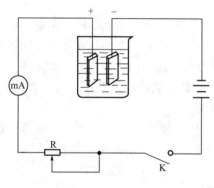

图 1　电解装置

mA—毫安表；K—开关；R—变阻器

2. 在 100mL 烧杯中加入 80mL $CuSO_4$ 溶液，将每个铜片的 2/3 浸没在 $CuSO_4$ 溶液中，两极的距离保持 1.5cm。然后按图 1 装好。

3. 直流电源的电压控制约 10V，实验开始时，电阻控制在 70Ω 左右。按开开关，迅速调节电阻使毫安表指针在 100mA 处，同时准确记下时间，通电 30min，拉开开关，停止电解，在整个电解期间，电流应保持稳定，如有变动可调节电阻以维持恒定。

4. 取下阴、阳极铜片放进水中漂洗，再在乙醇中漂洗，空气中晾干。不得擦拭电极表面，尤其要防止阴极上新生成的铜层脱落而产生误差。待完全干燥后，在分析天平上称量。

五、数据处理

1. 根据测定结果，填写下列表格。

阴极电解后质量/g		阳极电解前质量/g	
阴极电解前质量/g		阳极电解后质量/g	
阴极增加质量/g		阳极损失质量/g	
电解时间 t/s		电流强度 I/A	
N_A/mol^{-1}		误差/%	

2. 分析产生误差的主要原因。

六、思考题

1. 如果在电解过程中电流不能维持恒定，对实验结果将有何影响？

2. 电解之后的电极，特别是阴极为何要用水漂洗而不能冲洗？

3. 计算阿伏加德罗常数时，为什么要以阴极增重为准？

实验 3　KNO₃ 溶解度的测定

一、实验目的

1. 学习测定固体溶解度的方法。

2. 绘制溶解度曲线，加深对溶解度的理解。

3. 练习水浴加热的操作技能。

二、实验原理

盐类在水中的溶解度是指在一定温度下它们在饱和水溶液中的浓度，一般以每 100g 水中溶解盐的质量（g）来表示。测定溶解度一般是将一定量的盐加入一定量的水中，加热使其完全溶解，然后冷却到一定温度（在不断搅拌下）至刚有晶体析出，此时的溶液浓度就是该温度下的溶解度。

溶解度曲线变化规律：①大多数固体物质的溶解度随温度升高而增大，曲线为"陡升型"，如硝酸钾；②少数固体物质的溶解度受温度的影响很小，曲线为"缓升型"，如氯化钠；③极少数固体物质的溶解度随温度的升高而减小，曲线为"下降型"，如氢氧化钙；④气体物质的溶解度均随温度的升高而减小，曲线也为"下降型"，如氧气。通过溶解度曲线，便可以看出溶解度与温度的关系。

本实验将相同质量的固体硝酸钾分别溶解在不等量的水中，加热使其全部溶解，得到一系列高温下的浓溶液，当冷却到一定温度开始有晶体析出时，溶液已达饱和。此时溶液的浓度便是该温度下的溶解度。然后，以溶解度为纵坐标，以温度为横坐标，作溶解度随温度变化的曲线，即为该物质的溶解曲线。

三、仪器与试剂

吸量管；烧杯（400mL）；酒精灯；温度计（0～100℃）；大试管。

KNO₃(s)。

四、实验步骤

1. 如图 1 所示，预备干净大试管一支（高 20cm），配一双孔软木塞（或橡皮塞）。一孔插入 100℃ 温度计，使水银球距离管底 5mm（温度计应插入溶液的中部，使所示的温度具有代表性），另一孔插入有圈的细玻璃棒（上下抽动起搅拌作

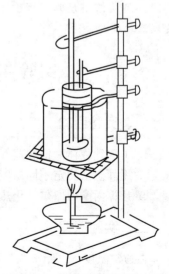

图 1　KNO₃ 溶解度的
测定装置图

用）。在托盘天平上准确称量 $KNO_3(s)$ 5.0g 倒入大试管中，并用吸量管准确加入蒸馏水 4mL，装好带有温度计和搅拌棒的塞子，放在盛有 300mL 水的 400mL 的烧杯中（注意试管内液面略低于烧杯内水面！），搅拌管内液体，并在水浴加热条件下使其全部溶解，不能使用酒精灯直接加热。

2. 当试管内 $KNO_3(s)$ 刚刚完全溶解后，将试管升起，离开水浴，任其自然冷却并不断搅拌，记录溶液内最初出现晶体时的温度 T_1，重复加热和冷却，使两次结果相符合。

3. 再继续补加三次蒸馏水，每次补加 2mL，重复上述操作，并记录溶液内结晶最初出现的温度 T_2、T_3、T_4。

4. 将实验结果填入表1内，并以溶解度为纵坐标，以温度为横坐标，作出 KNO_3 溶解度曲线，并与标准溶解度曲线作对比。

5. 实验完毕，将 KNO_3 倒进回收瓶中。

五、数据处理

将测定结果添入下面表格。

晶体质量/g	加水体积/mL	结晶出现的温度/℃	溶解度/(g/100g)
5	4		
5	6		
5	8		
5	10		

六、思考题

1. 在观察随温度下降有无晶体析出时，搅拌与不搅拌有何不同？

2. 在加热过程中，如果是管内的水有显著的蒸发时，对实验结果将有何影响？

3. 测定溶解度时，硝酸钾的质量及水的体积是否需要准确？测定装置应选用什么样的玻璃器皿较为合适？

实验 4　纯液体饱和蒸气压的测定

一、实验目的

1. 了解纯液体的饱和蒸气压与温度的关系。
2. 用静态法测定不同温度下丙酮的饱和蒸气压。
3. 计算丙酮的摩尔气化热和正常沸点。

二、实验原理

在通常温度下（距离临界温度较远时），纯液体与其蒸气达平衡时的蒸气压称为该温度下液体的饱和蒸气压，简称蒸气压。这里的平衡状态是指动态平衡。在某一温度下，被测液体处于密闭真空容器中，液体分子中表面逃逸出蒸气，同时蒸气分子因碰撞而凝结成液相，当两者的速率相等时，就达到了动态平衡，此时气相中的蒸气密度不再改变，因而具有一定的饱和蒸气压。蒸发 1mol 液体所吸收的热量称为该温度下液体的摩尔气化热 $\Delta_{vap}H_m$。

液体的蒸气压随着温度的变化而变化，温度升高时，蒸气压增大，温度降低时，蒸气压降低，这主要与分子的动能有关。当蒸气压等于外界大气压力时，液体便沸腾，此时的温度称为沸点，外压不同时，液体沸点将相应改变，当外压为标准大气压 $p^{\ominus}$ 时，液体的沸点称为正常沸点。

纯液体的饱和蒸气压 p 与温度 T 的关系可用克劳修斯-克拉贝龙方程式表示：

$$\frac{d\ln p}{dT} = \frac{\Delta_{vap}H_m}{RT^2} \tag{1}$$

式中，R 为摩尔气体常数；$\Delta_{vap}H_m$ 为在热力学温度 T 时纯液体的摩尔气化热。

假定 $\Delta_{vap}H_m$ 与温度无关（或因温度变化范围较小，$\Delta_{vap}H_m$ 近似为常数），积分上式，得：

$$\ln p = -\frac{\Delta_{vap}H_m}{RT} + C \tag{2}$$

其中 C 为积分常数。

由此式可以看出，测定出不同温度下该液体的蒸气压，以 $\ln p$ 对 $1/T$ 作图，应为一直线。求得直线方程，根据斜率可求得液体的 $\Delta_{vap}H_m$，把 $p = p^{\ominus}$ 代入方程求得相应温度即为该液体的正常沸点。

测定液体饱和蒸气压的方法很多，如：

（1）静态法 在一定温度下，直接测量饱和蒸气压。此法适用于具有较大蒸气压的液体。

（2）动态法 测量沸点随施加的外压力而变化的一种方法。液体上方的总压力可调，而且用一个大容器的缓冲瓶维持给定值，压力计测量压力值，加热液体待沸腾时测量其温度。

（3）饱和气流法 在一定温度和压力下，用干燥气体缓慢地通过被测纯液体，使气流为该液体的蒸气所饱和。用吸收法测量蒸气量，进而计算出蒸气分压，此即该温度下被测纯液体的饱和蒸气压。该法适用于蒸气压较小的液体。

本实验采用静态法，即在某一温度下，直接测量饱和蒸气压。

实验中用普通恒温槽控制温度，利用压力计求得达平衡时丙酮的蒸气压。纯液体饱和蒸气压测定装置如图 1 所示。封闭部分浸在水中的平衡管由 a 球和 U 型管 b、c 组成。a 球和 U 形管内装适量待测液体，当 a 球的液面上全部是待测液体的蒸气，且 U 形管中的液面处于同一水平线时，则 b 管液面上的压力（即液体的饱和蒸气压）与 c 管液面上气体的压力相等，此时体系气液两相平衡的温度就是液体在此外压下的沸点。c 管与数字压力计相连，此数字压力计能测出 c 管上方的气体压力与外界大气压的差值。根据当时的大气压和压力计读数，即可求得该温度下液体的饱和蒸气压。

三、仪器与试剂

纯液体饱和蒸气压测定装置 1 套（图 1）；吸管一支。

丙酮（分析纯）。

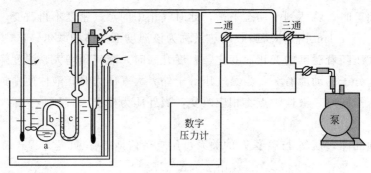

图 1　纯液体饱和蒸气压测定装置示意图

四、实验步骤

1. 将待测液体装入样品管中，a 球约 2/3 体积，b 和 c 管各 1/2 体积。

2. 系统气密性检查。关闭二通活塞，旋转三通活塞使系统与真空泵连通，开动真空泵，抽气减压至压力计读数为 −50kPa 左右时，关闭活塞，使系统与真空泵、大气皆不通。观察压力计数字变化，判断系统是否漏气。如果漏气应设法消除漏气原因。

3. 排除 a 球和 b 管之间的空气。将恒温槽温度调至第一个温度值（一般比室温高 2～3℃左右），抽气降压至液体轻微沸腾，此时 a 球和 b 管间的空气不断随蒸气经 c 管逸出，如此沸腾数分钟，可认为空气被排除干净。注意平衡管必须放置于恒温水浴中的水面以下，否则其温度与水浴温度不同。

4. 饱和蒸气压的测定。当空气被排除干净，且体系温度恒定后，打开与平衡管相连的活塞，缓缓放入空气（切不可太快，以免空气倒灌入 a 球液面上方，如果发生空气倒灌，则须重新排除空气），直至 b 管、c 管中液面平齐，关闭活塞，当液面平齐且变化缓慢时，记录温度与数字压力计读数（如果放入空气过多，b 管中液面低于 c 管的液面，须抽气或升高温度，再调平齐）。然后，将恒温槽温度升高 2～3℃，因温度升高后，液体的饱和蒸气压增大，液体会不断沸腾。为了避免 b、c 管中液体大量蒸发，应随时打开调节平衡的活塞，缓缓放入少量空气，保持 b 管中气泡缓缓冒出。当体系温度恒定后，再次放入空气使 b、c 管液面平齐，记录温度和数字压力计读数。然后依次每升高 2～3℃，测定一次压差，总共测 7～8 个值。

5. 实验完成后，关闭恒温槽，打开三通塞，使平衡管与大气相通，待数字压力计读数接近 0kPa 时，关闭数字压力计。

五、数据处理

1. 数据记录及处理。

$T/℃$	T/K	$1/T/(10^{-3}K^{-1})$	$\Delta p/kPa$	p/kPa	$\ln(p/kPa)$

注：大气压 $p_e =$ _____ kPa；蒸气压 $p =$ 大气压 $p_e +$ 压力计读数 Δp

2. 以 $\ln(p/kPa)$ 对 $1/T$ 作图，求出直线方程，由此求出丙酮的 $\Delta_{vap}H_m$ 和正常沸点。

六、思考题

1. 为什么 ab 弯管中的空气要排除净？怎样防止空气倒灌？

2. 何时读取压力计数值，所读数值是否是丙酮的饱和蒸气压？

实验 5　凝固点降低法测定摩尔质量

一、实验目的

1. 加深对稀溶液依数性的理解。
2. 掌握溶液凝固点的测定技术。
3. 利用凝固点降低法测定蔗糖的摩尔质量。

二、实验原理

物质的摩尔质量（数值上为分子量）是一个重要的物理化学数据，其测定方法有许多种。凝固点降低法测定物质的摩尔质量是一个简单而比较准确的测定方法，在实验和溶液理论的研究等方面都具有重要意义。

对非挥发性、非电解质溶质的二组分稀溶液，当指定溶剂种类和数量后，溶液的沸点升高值、凝固点降低值及渗透压数值等只取决于溶液中所含溶质分子的数目，而与溶质本性无关。稀溶液的这种性质称为依数性。

溶剂的凝固点是指固态溶剂与液态溶剂达平衡时的温度。

溶液的凝固点是指溶剂开始从溶液中析出时的温度（这里只讨论固态是纯溶剂的情况）。

在非挥发性溶质形成的稀溶液中，当凝固析出纯固体溶剂时，则溶液的凝固点低于纯溶剂的凝固点，如果溶质是非电解质，则凝固点降低值 ΔT_f 与溶液的质量摩尔浓度 m_B 成正比。即：

$$\Delta T_f = T_f^* - T_f = K_f m_B \tag{1}$$

式中，T_f^* 为纯溶剂的凝固点；T_f 为溶液的凝固点；m_B 为溶液中溶质 B 的质量摩尔浓度；K_f 为溶剂的凝固点降低常数，其数值仅与溶剂的性质有关。表 1 给出了部分溶剂的凝固点降低常数。

表 1　几种溶剂的凝固点降低常数

溶剂	水	乙酸	苯	环己烷	环己醇	萘	三溴甲烷
T_f^*/K	273.15	289.75	278.65	279.65	297.05	383.5	280.95
$K_f/K \cdot kg \cdot mol^{-1}$	1.86	3.90	5.12	20	39.3	6.9	14.4

若称取一定量的溶质 $W_B(kg)$ 和溶剂 $W_A(kg)$，配成稀溶液，则此溶液的质量摩尔浓度为：

$$m_B = \frac{W_B}{M_B W_A} \tag{2}$$

式中，M_B 为溶质的摩尔质量，$kg \cdot mol^{-1}$。将该式代入式(1)，整理得：

$$M_B = K_f \frac{W_B}{W_A \Delta T_f} \tag{3}$$

若已知某溶剂的凝固点降低常数 K_f 值，通过实验测定该溶液的凝固点降低值 ΔT_f，即可根据式(3)计算溶质的摩尔质量 M_B。

显然，全部实验操作归结为凝固点的精确测量。常采用精密温度测量仪来测定凝固点。

纯溶剂与溶液的步冷曲线形状不同。对纯溶剂来说，当两相共存时，自由度 $f^* = 1 - 2 + 1 = 0$，步冷曲线形状如图 1(a) 所示，水平线段对应纯溶剂的凝固点。对溶液而言，当从液态开始降温，有固体开始析出时的温度为凝固点，但由于溶剂固体的析出导致溶液浓度逐渐增大，温度会逐渐下降，因此在步冷曲线上得不到水平段（从相律看，两相共存，自由度 $f^* = 2 - 2 + 1 = 1$，温度仍可改变）。在实际测定过程中，溶液常出现过冷现象，一旦有固态溶剂析出会放出凝固热而使温度回升，并且回升到最高点又开始下降，步冷曲线如图 1(b) 所示。如果溶液的过冷程度不大，可以将温度回升的最高值作为溶液的凝固点；若过冷程度太大，则回升的最高温度不是原浓度下的凝固点，正确的做法是对冷却曲线按图 1(b) 中所示的方法加以校正。

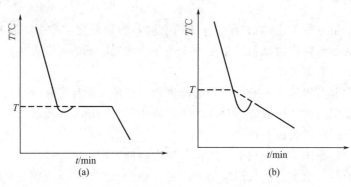

图 1 溶剂与溶液的冷却曲线

三、仪器与试剂

凝固点测定装置 1 套；分析天平 1 台；普通温度计（0～50℃）1 支；移液管（25mL）1 支。蔗糖（分析纯）；粗盐；冰块。

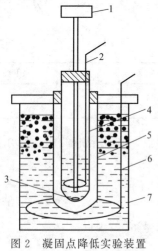

图 2 凝固点降低实验装置
示意图

1—温度传感器；2—内管搅棒；
3—磁珠；4—凝固点管；
5—空气套管；6—寒剂
搅棒；7—冰槽

四、实验步骤

1. 调节寒剂的温度。取适量粗盐与冰水混合，使寒剂温度为 -3～-4℃，在实验过程中不断搅拌并不断补充碎冰，使寒剂保持此温度。寒剂温度对实验结果有很大影响，过高会导致冷却太慢，过低则测不出正确的凝固点。

2. 打开凝固点装置电源开关和数据处理程序。

3. 溶剂凝固点的测定。

测量装置如图 2 所示。用移液管向干净的凝固点管内加入已知温度的 25mL 纯水，插入温度传感器。将样品管直接插入寒剂中，开动搅拌，拉动搅棒。待温度回升后，缓慢均匀地搅拌，同时注意观察温差测量仪的数字变化，直到温度回升稳定为止，此温度即为水的近似凝固点。根据降温速度，调整寒剂温度。

取出凝固点管，使管中固体全部熔化，将凝固点管直接放在寒剂中降温，当温度降至近似凝固点 1℃左右时，迅速取出样品管，快速擦干并放入空气套管中，点击凝固点测试软件中的"开始绘图"，并快速搅拌，待温度回升后，再改为缓慢搅拌。直到温度回升到稳定后继续记录 3min，点击"停止绘图"，并保存图形，通过"凝固点计算"得到水的凝固点。取出样品管重复测定三次，取平均值作为纯水的凝固点（要求平均偏差不超过 0.007℃）。

4. 溶液凝固点的测定。

取出凝固点管，如前将管中冰融化，将精确称重的蔗糖（约 1g）全部加入样品管中，待全部溶解后，测定溶液的凝固点。测定方法与纯水的相同，只是根据步冷曲线计算凝固点时与溶剂凝固点得到方法不同，一般需要外推得到。重复测定三次。

5. 实验完成后，关掉电源，洗净样品管，回收冰盐水混合物。

五、数据处理

1. 由实验温度下水的密度，计算所取水的质量 W_A。

2. 由实验所得数据计算蔗糖摩尔质量，并计算与理论值的相对误差。

六、思考题

1. 根据什么原则考虑加入溶质的量？太多或太少影响如何？

2. 为什么测定溶液凝固点时必须尽量减少过冷现象？如何控制过冷程度？

实验 6　重量法测定硫酸铜结晶水数目

一、实验目的

1. 熟悉分析天平的使用方法。

2. 了解重量法测定晶体中结晶水含量的基本原理和方法。

3. 测定硫酸铜结晶水数目。

二、实验原理

胆矾、蓝矾、五水合硫酸铜，其化学组成都是 $CuSO_4 \cdot 5H_2O$，只是称呼不同。因为该固体物质的颜色为蓝色，所以叫蓝矾。胆矾、蓝矾都是俗名，五水合硫酸铜是根据其组成命名的，硫酸铜是一种无水的正盐，为白色，能够吸水化合成五水合硫酸铜，而五水合硫酸铜加热可以在不同的温度下逐步脱水，最后分解成硫酸铜和水。

$$CuSO_4 \cdot 5H_2O \xrightarrow{102℃} CuSO_4 \cdot 3H_2O + 2H_2O$$

$$CuSO_4 \cdot 3H_2O \xrightarrow{113℃} CuSO_4 \cdot H_2O + 2H_2O$$

$$CuSO_4 \cdot H_2O \xrightarrow{258℃} CuSO_4 + H_2O$$

最后的产品是白色粉末 $CuSO_4$，本实验是将已知质量的水合硫酸铜加热，除去所有的结晶水后称重，根据损失的量便可计算出水合硫酸铜中结晶水的数目。

三、仪器与试剂

分析天平；烘箱；瓷坩埚；干燥器；温度计（300℃）。

五水合硫酸铜（分析纯）。

四、实验步骤

1. 将一干净并灼烧过的坩埚于分析天平上称量。在其中放入 1.2～1.5g 磨细的水合硫酸铜，再称量。两次称量的质量差即是坩埚内硫酸铜的质量。

2. 将坩埚（连同内容物）放在烘箱中升温至 280℃，在此温度下保温 30min（随着水分的蒸发，粉末由蓝色变为浅蓝色，最后变为灰白色），停止加热，用干净的坩埚钳将坩埚移入干燥器内，冷却至室温。

3. 用干净的滤纸片将坩埚外部擦干净，在分析天平上称量后，再将坩埚及其内容物，用上面的方法加热 10～15min 再冷却，再称量，如两次称量的质量之差不大于 0.005g，按照本实验的要求可以认为无水硫酸铜已经"恒重"，不需要再加热，否则需重复以上加热操作，直到符合要求为止。

五、数据处理

将实验所得数据记录在表 1 中，计算出每摩尔 $CuSO_4$ 结合的结晶水数目，该数值取最接近的正整数。

表 1　$CuSO_4$ 结晶水测定结果

空坩埚 a/g		坩埚＋水合硫酸铜 b/g	
水合硫酸铜 $b-a$/g		坩埚＋无水硫酸铜 c/g	
无水硫酸铜 $w_1=c-a$/g		$CuSO_4$ 物质的量（$w_1/160$）/mol	
结晶水 $w_2=b-c$/g		H_2O 物质的量（$w_2/18.0$）/mol	
$CuSO_4$ 结合的 H_2O/mol			

六、思考题

1. 加热后的坩埚还未冷至室温就去称量会有什么影响？
2. 加热后的坩埚为什么一定要在干燥器内冷却？
3. 水合硫酸铜为什么要先研磨再灼烧？

实验 7　磺基水杨酸铁配合物稳定常数的测定

一、实验目的

1. 了解分光光度法测定溶液中配合物的组成和稳定常数的原理。
2. 学习分光光度计的使用方法。
3. 测定磺基水杨酸铁配合物的组成及其稳定常数。

二、基本原理

磺基水杨酸（$HO-\!\!\!\!\!\!\!\!\!\!\begin{array}{c}COOH\\SO_3H\end{array}$ 简化为 H_3R），与 Fe^{3+} 可以形成稳定的配合物，配合物的组成随溶液的 pH 值的不同而改变。在 pH＝2～3 时，pH＝4～9 时，pH＝9～11.5 时，

磺基水杨酸与 Fe^{3+} 能分别形成不同组成且具有不同颜色的配离子。本实验是测定 $pH=2\sim3$ 时形成的紫红色磺基水杨酸铁配离子的组成及其稳定常数。实验中通过加入一定量的 $HClO_4$ 溶液来控制溶液的 pH 值。

测定配离子的组成时，分光光度法是一种有效的方法。实验中，常用的方法有两种：一是摩尔比法；二是等物质的量连续变化法（也叫浓比递变法）。本实验采用后者，该方法要求溶液中的配离子是有色的，并且在一定条件下只生成这一种配合物，本实验中所用的磺基水杨酸是无色的，Fe^{3+} 溶液很稀，也可以认为是无色的，只有磺基水杨酸铁配离子显紫红色，并且能一定程度地吸收波长为 500nm 的单色光。

光密度又称吸光度，是指光线通过溶液或某一物质前的入射光强度与该光线通过溶液或物质后的透射光强度比值的对数，可用分光光度计测定。光密度与浓度的关系可用比尔定律表示：

$$A=\varepsilon cL$$

式中，A 代表光密度；ε 代表某一有色物质的特征常数，称为消光系数；L 为液层厚度；c 为溶液浓度，当液层厚度一定时，则溶液光密度就只与溶液的浓度成正比。

本实验过程中，保持溶液中金属离子 M 的浓度（c_M）与配位体 R 的浓度（c_R）之和不变（即总物质的量不变）的前提下，改变 c_M 与 c_R 的相对量，配制一系列溶液，测其光密度，然后再以光密度 A 为纵坐标，以溶液的组成（配位体的摩尔分数）为横坐标作图，得一曲线，如图 1 所示，显然，在这一系列溶液中，有一些是金属离子过量，而另一些溶液则是配位体过量，在这两部分溶液中，溶液离子的浓度都不可能达到最大值，因此溶液的光密度也不可能达到最大值，只有当溶液中金属离子与配位体的摩尔比与配离子的组成一致时，配离子的浓度才最大，因而光密度才

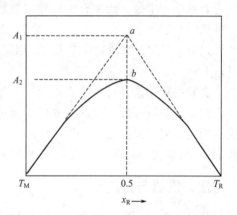

图 1　光密度随溶液组成变化曲线

最大，所以光密度最大值所对应溶液的组成，实际上就是配合物的组成。

如图 1 所示，光密度最大值所对应的溶液组成为 0.5，即 $\dfrac{c_R}{c_R+c_M}=0.5$，也即 $\dfrac{n_R}{n_R+n_M}=0.5$，整理后得，$n_R:n_M=1:1$，就是说在配合物中，中心离子与配位体之比为 $1:1$（若 $\dfrac{c_R}{c_R+c_M}=0.8$ 时，$n_R:n_M$ 为若干?）。

用此法还可以求算配合物的稳定常数。在图 1 中，在极大值两侧，其中 M 或 H_3R 过量较多的溶液中，配合物的电离度都很小（为什么?），所以光密度与溶液的组成几乎呈线性关系，但当 n_M 与 n_R 之比接近配合物的组成时，也就是说两者过量都不多的情况下，形成的配合物的电离度相对来说就比较大了，所以在这些区域内曲线出现了近于平坦的部分，图 1 中的 a 点为两侧直线部分的延长线交点，它相当于假定配合物完全不电离时的光密度的极大值（A_1），而 b 点则为实验测得的光密度的极大值（A_2），显然配合物的电离度越大，则 A_1-A_2 的差值就越大，所以配离子的电离度为：

$$\alpha=\frac{A_1-A_2}{A_1}$$

$$(1)$$

对于平衡

$$M + nR \rightleftharpoons MR_n$$
$$c\alpha \quad c\alpha \quad c(1-\alpha)$$

来说，该反应的经验平衡常数 K_c 称为配合物的表观稳定常数，可以表示为：

$$K_c = \frac{c(MR_n)}{c(M)c(R)^n} \tag{2}$$

当 $n=1$ 时：

$$K_c = \frac{c(MR)}{c(M)c(R)} = \frac{c(1-\alpha)}{c\alpha \cdot c\alpha} = \frac{1-\alpha}{c\alpha^2} \tag{3}$$

式中，c 为与 a 点（或 b 点）相对应的溶液中 M 离子的总摩尔浓度（配合物的平衡浓度与金属离子的平衡浓度之和），K_c 的单位为 $L \cdot mol^{-1}$。

本实验是测定磺基水杨酸合铁（Ⅲ）配合物的稳定常数。因为磺基水杨酸是弱酸，在溶液中除了存在着和 Fe^{3+} 之间的配位平衡外，自身还存在电离平衡，因此由式（3）得到的 K_c 称为表观稳定常数。而配合物的稳定常数 $K_稳$ 需要由 K_c 按下式校正得到：

$$K_稳 = K_c \times \beta \tag{4}$$

式中 β 是配合物的酸效应系数，用来表征配位体由于酸效应而引起的副反应程度。pH＝2 时，$\beta = 2.3 \times 10^{10}$。

实验中利用紫外可见分光光度计，测定在物质的量总和不变条件下，测定一系列中心离子不同物质的量分数溶液的吸光度，通过做图得到配合物组成、A_1 和 A_2，根据配合物的组成得到金属离子总浓度 c，根据公式（1）求得 α。把 c 和 α 代入式（3）即可求出表观稳定常数 K_c。根据式（4）即可求得配合物的稳定常数 $K_稳$。

三、仪器与试剂

分光光度计；容量瓶（50mL）；烧杯（50mL）；洗瓶；吸量管；1cm 比色皿。

$FeCl_3$（$1.00 \times 10^{-2}\,mol \cdot L^{-1}$）；磺基水杨酸（$1.00 \times 10^{-2}\,mol \cdot L^{-1}$）；$HClO_4$（$2.5 \times 10^{-2}\,mol \cdot L^{-1}$）。

四、实验步骤

1. 配制系列溶液

将 11 个容量瓶洗净并编号。在 1 号容量瓶中，用吸量管加入 $0.025\,mol \cdot L^{-1}$ $HClO_4$ 溶液 5.00mL、Fe^{3+} 溶液（$1.00 \times 10^{-2}\,mol \cdot L^{-1}$）5.00mL，然后用蒸馏水稀释至刻度，摇匀。

按同样方法根据表 1 中所示各溶液的量将 2 号～11 号溶液配好。

2. 测定系列溶液的光密度

测定时使用分光光度计，1cm 比色皿，以蒸馏水为空白，选用波长为 500nm 的单色光。

比色皿要先用蒸馏水冲洗，再用待测溶液洗三遍，然后装好溶液（注意不要太满），用镜头纸擦净比色皿的透光面（水滴较多时，应先用滤纸吸去大部分水，再用镜头纸擦净），测定光密度。

五、数据处理

1. 光密度测定结果。记录在表 1 中。

表 1 光密度测定结果

容量瓶编号	$V(HClO_4)/mL$	$V(Fe^{3+})/mL$	$V(H_3R)/mL$	溶液的组成 x_R	光密度 A
1	5.00	5.00	0.00		
2	5.00	4.50	0.50		
3	5.00	4.00	1.00		
4	5.00	3.50	1.50		
5	5.00	3.00	2.00		
6	5.00	2.50	2.50		
7	5.00	2.00	3.00		
8	5.00	1.50	3.50		
9	5.00	1.00	4.00		
10	5.00	0.50	4.50		
11	5.00	0.00	5.00		

2. 计算配合物组成。以光密度 A 为纵坐标,以溶液的组成(配位体的摩尔分数)为横坐标作图。由光密度最大值所对应的溶液组成,即是配合物的组成。

3. 计算配合物的稳定常数。从所做 A-x_R 图中得到 A_1 和 A_2;根据配合物组成并结合表 1 可计算出金属离子总浓度 c。根据公式(1)求得 α。把 c 和 α 代入式(3)即可求出表观稳定常数 K_c,根据式(4)得到配合物的稳定常数 $K_{稳}$。

六、思考题

1. 如果溶液中同时有几种不同组成的有色配合物存在,能否用本方法测定它们的组成和稳定常数?

2. 为什么选 500nm 作为测量波长?

3. 实验中如果温度有较大变化,对测得的稳定常数有何影响?

4. 实验中每个溶液的 pH 值是否一样,如果不一样对结果有何影响?

实验 8 离子交换法测定硫酸钙的溶度积

一、实验目的

1. 了解离子交换树脂的处理和使用方法。

2. 学习并掌握用离子交换法测定硫酸钙的溶解度和溶度积的方法。

3. 初步认识溶解度与溶度积相互换算的近似性。

4. 巩固酸碱滴定、常压过滤等操作。

二、实验原理

离子交换树脂是一类人工合成的,在分子中含有特殊活性基团,能与其他物质进行离子交换的固态、球状的高分子聚合物,可以分为阳离子交换树脂和阴离子交换树脂。含有酸性基团而能与其他物质交换阳离子的称为阳离子交换树脂。含有碱性基团而能与其他物质交换阴离子的称为阴离子交换树脂。根据离子交换树脂的这一特性，广泛用它来进行水的净化、金属的回收以及离子的分离和测定等。最常用的聚苯乙烯磺酸型树脂是一种强酸型阳离子交换树脂，其结构式可表示为：

本实验中采用离子交换法，用强酸型阳离子交换树脂（732型）交换硫酸钙饱和溶液的 Ca^{2+}。其交换反应为：

$$2R-SO_3H+Ca^{2+}\longrightarrow (RSO_3)_2Ca+2H^+ \tag{1}$$

由于 $CaSO_4$ 是微溶盐，其溶解部分除 Ca^{2+} 和 SO_4^{2-} 外，还有离子对（分子）形式的 $CaSO_4$ 存在于水溶液中，因此饱和溶液中存在着离子对和简单离子间的平衡：

$$CaSO_4(aq)\rightleftharpoons Ca^{2+}+SO_4^{2-} \tag{2}$$

离子对解离常数 $K_d^{\ominus}$ 表达式为：

$$K_d^{\ominus}=\frac{c(Ca^{2+})/c^{\ominus}\cdot c(SO_4^{2-})/c^{\ominus}}{c(CaSO_4,aq)/c^{\ominus}} \tag{3}$$

式中 $c^{\ominus}=1mol/L$，$c(Ca^{2+})$、$c(SO_4^{2-})$ 和 $c(CaSO_4,aq)$ 分别为平衡时 Ca^{2+}、SO_4^{2-} 和离子对（溶解态分子）$CaSO_4$ 的浓度（mol/L）。25℃时，$CaSO_4$ 饱和溶液 $K_d^{\ominus}=5.2\times10^{-3}$。

当溶液流经交换树脂时，由于 Ca^{2+} 被交换，使 $c(Ca^{2+})$ 降低，于是式（2）平衡向右移动，$CaSO_4(aq)$ 离解，结果全部 Ca^{2+} 被交换为 H^+，从流出液的 $c(H^+)$ 可计算 $CaSO_4$ 的摩尔溶解度 S：

$$S=c(Ca^{2+})+c(CaSO_4)(aq)=\frac{c(H^+)}{2} \tag{4}$$

$c(H^+)$ 值可用标准 NaOH 溶液滴定来求得。若取 25.00mL $CaSO_4$ 饱和溶液，则：

$$c(H^+)=\frac{c(NaOH)\cdot V(NaOH)}{25.00} \tag{5}$$

$$S=\frac{c(NaOH)\cdot V(NaOH)}{2\times25.00} \tag{6}$$

再从溶解度计算 $CaSO_4$ 的溶度积。

设饱和 $CaSO_4$ 溶液中，Ca^{2+} 浓度为 c，则 SO_4^{2-} 浓度也为 c，由式（4）可以得出 $CaSO_4(aq)$ 的浓度为 $S-c$。代入式（3）得：

$$K_d^{\ominus}=\frac{c^2}{(S-c)c^{\ominus}} \tag{7}$$

查得实验温度下 $CaSO_4$ 的 $K_d^{\ominus}$，而溶解度 S 通过滴定法得到，于是可解得 Ca^{2+} 离子浓度 c。于是，代入硫酸钙的溶度积表达式：

$$K_{sp}^{\ominus}=\frac{c(Ca^{2+})}{c^{\ominus}}\times\frac{c(SO_4^{2-})}{c^{\ominus}}=c^2/(c^{\ominus})^2 \tag{8}$$

即可求得硫酸钙的溶度积

CaSO₄ 饱和溶液的制备：过量 $CaSO_4$（分析纯）加到蒸馏水中，加热到 80℃搅拌，冷却至室温，实验前过滤。

三、仪器与试剂

25mL 移液管一支；50mL 碱式滴定管一支；250mL 锥形瓶两只；50mL 量筒一个；10mL 量筒一个；洗耳球一个；离子交换柱一个（可用 100mL 碱式滴定管代替，玻璃珠改为止水夹）；pH 试纸。

新过滤的 $CaSO_4$ 饱和溶液；732 型阳离子交换树脂（需氢型湿树脂 50mL）；NaOH 标准溶液（$0.0400mol \cdot L^{-1}$）；HCl 溶液（$0.04mol \cdot L^{-1}$）；溴百里酚蓝（0.1%）。

四、实验步骤

1. 装柱（由实验准备室完成）

在交换柱底部填入少量玻璃纤维（图 1），将阳离子交换树脂（钠型先用蒸馏水泡 48h，并洗净）和水同时注入交换柱内，用干净的长玻璃棒赶走树脂之间的气泡，并保持液面略高于树脂表面。

2. 转型（由实验准备室完成）

为保证 Ca^{2+} 完全交换成 H^+，必须将钠型树脂完全转变为氢型树脂。方法是用 120mL HCl（$2mol \cdot L^{-1}$）以 30 滴/min 的流速流过离子交换树脂，然后用蒸馏水淋洗树脂，直到流出液呈中性。

3. 交换和洗涤

首先用 pH 试纸检查交换柱流出液是否呈中性。若是中性，可调节止水夹，使流出液速度控制在 20～25 滴/min，同时可把柱内蒸馏水液面降到比树脂表面高 1cm 左右的地方。流出液可用干净锥形瓶盛接。然后用移液管准确量取 25.00mL $CaSO_4$ 饱和溶液，放入柱中，进行交换。当液面下降到略高于树脂时，加入 25mL 蒸馏水洗涤，流速不变，仍为 20～25 滴/min。当洗涤液液面下降到略高于树脂时，再次用 25mL 蒸馏水继续洗涤；洗涤速度可加快一倍，控制在 40～50 滴/min，直到流出液 pH 值接近中性。若未达到要求可继续加少量蒸馏水洗涤，直至流出液接近中性。

图 1 离子交换柱

每次加液前，液面都应略高于树脂表面（最好高 2～3cm），这样既不会因树脂露在空气中而带入气泡，又尽可能减少前后所加溶液的混合，有利于提高交换和洗涤的效果。最后夹紧止水夹，移走锥形瓶待滴定，交换柱可再加 10mL 蒸馏水，备用。

4. 酸碱滴定练习

在交换柱与洗涤的空闲时间，可进行滴定练习。取洗净的锥形瓶一只，用量筒取 10mL HCl（$0.04mol \cdot L^{-1}$）；加入瓶中，再加 100mL 蒸馏水和 2 滴溴百里酚蓝指示剂，待摇匀后，用标准 NaOH 溶液（$0.0400mol \cdot L^{-1}$）滴定，溶液由黄色转变为鲜明的蓝色（20s 不变色），此时即为滴定终点。

5. 氢离子浓度测定

将待滴定的锥形瓶内壁用蒸馏水冲洗，加蒸馏水约 30mL，再加 2 滴溴百里酚蓝指示剂，摇匀后呈稳定浅黄色，用标准 NaOH 溶液（0.0400mol·L^{-1}）滴定至终点。精确记录滴定前后 NaOH 标准溶液的读数。

五、数据处理

1. 计算 $CaSO_4$ 的溶解度和溶度积。

$CaSO_4$ 饱和液温度/℃	
通过交换柱的饱和溶液体积/mL	
c_{NaOH}/mol·L^{-1}	
V_{NaOH}/mL	
$[H^+]$/mol·L^{-1}	
$CaSO_4$ 的溶解度 S/mol·L^{-1}	
$CaSO_4$ 的溶度积 $K_{sp}^{\ominus}$	

计算时 $K_d^{\ominus}$ 近似取 25℃的数据，将计算过程写进实验报告。

2. 溶解度误差分析。根据 $CaSO_4$ 溶解度的文献值（见下表）计算误差，并讨论误差产生的原因。

$CaSO_4$ 溶解度的文献值

T/℃	0	10	20	30
溶解度/(10^{-2}mol·L^{-1})	1.29	1.43	1.50	1.54

六、思考题

1. 操作过程中为何控制液体流速不宜太快？树脂层为何不允许有气泡的存在？
2. 制备硫酸钙饱和溶液时，为什么要使用已除去 CO_2 的蒸馏水？
3. 影响最终测定结果的因素有哪些？

实验 9 液体和固体密度的测定

一、实验目的

1. 掌握用比重瓶法测定液体或固体物质密度的实验原理及方法。
2. 巩固分析天平的使用。

二、实验原理

密度（ρ）是物质单位体积（V）的质量（m），是物质的基本特性常数。密度不仅是总体积与质量换算的参数，也是关联和推断物质许多性质不可缺少的数据。其定义：

$$\rho = \frac{m}{V} \tag{1}$$

式中，ρ 的单位为 kg·m^{-3}，m 的单位为 kg，V 的单位为 m^3。密度测定需要测量质量与体积，质量可在电子天平上称量而得；精确测量体积，则用比重瓶。因为体积与温度有关，所以用比重瓶测量体积要在恒温槽中进行。

常用的比重瓶是玻璃吹制的带有毛细孔塞子的容器，见图 1。为防止瓶中液体挥发，容器口还加以盖帽。为求液体的体积，应用已知密度的液体（如水）充满比重瓶，恒温后用减量法求得瓶内液体的质量，再利用 $V=\dfrac{m}{\rho}$ 求得体积。据此原理，测定液体密度的公式是：

$$\rho_2 = \frac{m_2 - m_0}{m_1 - m_0}\rho_1 \tag{2}$$

式中，m_0 为空比重瓶的质量，m_1 为充满密度为 ρ_1 参比液体的比重瓶的质量；m_2 为充满密度为 ρ_2 待测液体的比重瓶的质量。

液体密度的测定方法很多，常用的还有比重天平法、比重计法等。比重天平又称韦氏天平，当测锤的浮力平衡，由砝码的重量和所在的位置即可直接读出液体对水的相对密度，并可计算得到该液体在

图 1　比重瓶

1—瓶塞；2—毛细管；
3—瓶体

当时温度下的密度。比重计是一个有刻度的测锤，将比重计浸入待测液体，让其浮在液体中，由液面处比重计的刻度即可读出该液体的密度。这两种方法测定速度较快，但精度低（尤其是比重计）。更现代化的方法是由密度计完成的。联有计算机的密度计可以同时测定多个液体样品的密度，并自动显示和打印。这一方法精确、快速，但仪器价格较贵。

为求固体体积，则是把一定量固体浸于充满液体的比重瓶之中，精确测量被排出液体的体积。此被排出的液体体积，即为在比重瓶内固体的体积。

测定固体密度的公式是：

$$\rho_s = \frac{m_3 - m_0}{(m_1 - m_0) - (m_4 - m_3)}\rho_1 \tag{3}$$

式中，m_0、m_1、ρ_1 的意义同式(2)；m_3 为装有一定量密度为 ρ_s 的固体后比重瓶的质量；m_4 为装有一定量固体并充满参比液体后的比重瓶质量。

三、仪器与试剂

水浴恒温槽；分析天平；比重瓶。
乙醇（分析纯）；铅粒（分析纯）。

四、实验步骤

1. 液体密度测定

(1) 调节恒温槽温度为 30℃。

(2) 在电子天平上称得洗净、干燥的空比重瓶质量 m_0。

(3) 用针筒往比重瓶内输入去离子水，直至完全充满为止。置于恒温槽中恒温 15min，用滤纸吸去毛细管孔塞上溢出的水后，取出擦干瓶外壁，称得质量为 m_1。

(4) 倒掉瓶中水，吹干。同步骤（3），在比重瓶内输入待测密度的乙醇，恒温后，称得质量为 m_2。

(5) 倒出瓶中乙醇，洗净比重瓶，以备后用。

2. 固体密度测定

(1) 同液体密度测定步骤（1）、（2）、（3）。

（2）在洗净干燥的比重瓶内放入一定量铅粒，称得质量为 m_3。

（3）在含铅粒质量为 m_3 的比重瓶中输入去离子水。旋转比重瓶，让铅粒与水充分接触，以免铅粒之间有气泡存在。待水充满后，置于恒温槽中恒温 15min，用滤纸吸去毛细管孔塞上溢出的水，取出擦干，称得质量为 m_4。

（4）倒出铅粒与去离子水，洗净比重瓶，以备后用。

五、数据处理

1. 列表表达实验条件与测得的数据。
2. 计算 30℃下乙醇的密度，并与标准值比较。
3. 计算 30℃下铅的密度，并与标准值比较。

六、思考题

1. 测定密度时为什么要用恒温水浴？为什么要用参比液体？
2. 比重瓶测定固体密度时，为什么不允许固体粒子与液体接触面上存在气泡？
3. 测定易挥发的有机液体密度时，应注意哪些问题？

实验 10 热分析法测定含水盐的脱水温度和脱水量

一、实验目的

1. 掌握差热-热重分析的基本原理及处理方法。
2. 了解差热-热重分析仪的基本结构及测量原理。
3. 通过对 $CuSO_4 \cdot 5H_2O$ 的脱水过程的热分析，熟悉图谱的绘制及结果分析。

二、实验原理

1. 差热原理

差热分析（简称 DTA）已成为广泛应用于科研及生产等各领域的独立的热分析技术，是研究物质物理性质及化学性质的有力工具。随着仪器的测量精度、灵敏度及自动化程度的提高，其应用范围更加广泛。

许多物质在变温过程中，会发生物理变化（熔化、凝固、晶型转变、吸附、脱附等）和化学变化（化合、分解、吸附等）。伴随着这些物理变化和化学变化，会发生吸热或放热现象，即过程的热效应，这些热效应的大小及出现的温度范围，可提供物质变化的类型、历程乃至物质结构等信息。例如，$CuSO_4 \cdot 5H_2O$ 的脱水过程分三步完成，首先在 95℃左右脱去 2 分子水，成为 $CuSO_4 \cdot 3H_2O$，在 132℃左右脱去 2 分子水并使水分子汽化，成为 $CuSO_4 \cdot H_2O$，最后在 230℃左右脱去最后 1 分子水并汽化，成为 $CuSO_4$，这几步过程及每一步过程的热效应的大小均可由热谱图中得到，甚至可定量地测定出来。

热效应的大小是通过测定相对于某一参比物的温差来实现的。这是由于所选用的参比物是一种在测定的变温范围内，其化学及物理性质非常稳定，不发生任何的物理变化及化学变化，当被测样品和参比物处于同步变温过程时，在某一温度，由于样品发生了物理或化学变化，而引起的放热或吸热现象发生，这时相对于参比样品就会出现温差，温差的大小取决于该步过程热效应的大小，若将过程中的温差信号记录下来，就得到差热图谱如图 1 所示。

实际记录下的差热图谱是一条温度和温差随时间变化的曲线。但是可以从中得到差热峰的数目、位置（即出峰的温度）、方向，以及峰的高度、宽度、对称性和峰面积等有关特征参数，从这些参数可以确定物质变化的过程，变化过程中热效应乃至结构等信息。这个处理过程即为对差热图谱的解析。每一物质都有自己的特征热图谱。目前，已收集了大量物质的标准

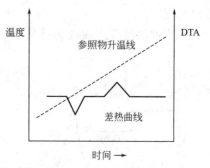

图 1　差热图谱

热图谱，如若将在完全相同的条件下测得的热图谱与标准热图谱对照，则可鉴别物质的种类及纯度。

（1）由峰的数目得到物质在被测温度内发生变化的次数。

（2）由各峰的位置知道每次变化发生的温度范围（即峰的起始温度到峰的结束温度）。

（3）由出峰的方向的正负性确定该变化过程是吸热还是放热，一般规定放热峰为正，吸热峰为负。

（4）由各峰的峰面积大小，估算每个变化过程的热效应的大小。

差热图谱的特征受样品的处理、实验控制条件等因素的影响很大，稍不注意，则不能得到完整合格的图谱，主要影响因素有以下几个方面。①样品的粒度要适中（一般在 200 目左右），并应与参比物的粒度保持一致，同时要求二者在样品管中的装填高度一致，以使二者的传热速度及热场均匀一致。参比物要求纯度高，并且使用前要在适当的温度下处理。置于干燥器内保存，严防吸水及其他污染。若样品的热效应大，可应用参比物进行稀释。②测温热电偶应置于样品、参比物的中心位置，防止由此引起的基线漂移，影响峰的对称性，严防热电偶和样品管壁接触及外露。③升温速度的选择。升温速度的选择是非常重要的实验条件，若选择不当，直接影响图谱特征。升温速度过快，会使某些热效应小的峰不明显甚至丢掉；升温速度过慢，会使峰形变宽，在仪器噪声大的情况下，以致使某些小峰不易辨认。不同的物质，需要选择不同的升温速度，不可一概而论。本实验对于 $CuSO_4 \cdot 5H_2O$ 脱水过程选用 $2 \sim 10 ℃ \cdot min^{-1}$ 的升温速度较为合适。

通常使用差热分析仪来进行测定。差热分析仪中，温差信号是用两支相同的热电偶并联来测量的。两支热电偶分别置于样品及参比物中，由于样品及参比物之间有温差存在，就会在两支并联热电偶之间产生一个温差电势，一般这个温差电势很小。所以要经过放大电路放大以后，输入记录器或显示器，这就是差热分析仪测量原理。

差热分析仪一般由如下几个部分构成。①受控电炉。对于差热分析来说，要求有高度均匀的热场，对于特殊的差热分析仪来说，要求绝热。②等速变温控制装置。差热分析仪对于热场的温度变化速度要求很高，而且能够任意调节和控制。③样品管及保持器（支架）。样品管要用物理、化学性质稳定的材料（如铂）和非金属（如玻璃、石英）等制作，保持器用于放置坩埚，以便使样品受热均匀和对称，一般用不锈钢、镍等金属材料或陶瓷制成。④记录装置或显示器。

2. 热重原理

热重法（TG）是在程序控温下，测量物质的质量与温度的关系的技术。热重法可应用于许多方面，如无机、有机和聚合物的热分解；新化合物的发现；吸附与解吸曲线；脱水与

吸湿研究等。

由热重法测得的曲线为热重曲线（TG 曲线），它表示过程的失重累积量，属积分型。测定失重速率的是微商热重法，它是把热重曲线对时间或温度一阶微商，记录为微商热重曲线（DTG 曲线）。TG 曲线横轴表示温度或时间，从左到右表示数值增加。纵轴为质量，从上向下表示质量减少。DTG 曲线用每分钟的变化表示，$mg \cdot min^{-1}$。见图 2。

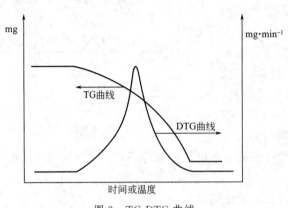

图 2　TG-DTG 曲线

为了要得到准确性和重复性好的热重测定曲线，就必须对影响测定结果的各种因素进行分析。影响热重重复测定结果的因素主要有仪器因素，实验条件和参数的选择，试样的影响因素等。热重法测定过程中加热炉内的气体的浮力和对流影响热重基线漂移，造成试样质量损失或质量增加的假象，这种现象可以通过调整仪器的气流调节装置来减小影响，也可通过软件来加以修正。通常热重法测定时采用 $5℃ \cdot min^{-1}$ 或 $10℃ \cdot min^{-1}$ 居多。试样装填要求颗粒均匀，为了得到能重复的结果，操作时尽量做到试样装填情况一致。

下面以结晶硫酸铜（$CuSO_4 \cdot 5H_2O$）的 TG 曲线为例来说明热重测定过程。TG 实验条件为取 20mg 左右 $CuSO_4 \cdot 5H_2O$，升温速率为 $10℃ \cdot min^{-1}$，氧化铝坩埚。试样在室温至 45℃ 左右之间无质量损失。45~80℃ 为第一个失重台阶，80~120℃ 为第二个失重台阶，由于样品及实验条件的影响，两个失重台阶分界不是十分明显，可以由 DTG 曲线辅助判断。210~250℃ 为第三个失重台阶。

$CuSO_4 \cdot 5H_2O$ 的脱水方程如下：

$$CuSO_4 \cdot 5H_2O == CuSO_4 \cdot 3H_2O + 2H_2O$$
$$CuSO_4 \cdot 3H_2O == CuSO_4 \cdot H_2O + 2H_2O$$
$$CuSO_4 \cdot H_2O == CuSO_4 + H_2O$$

三、仪器与试剂

DTA-TG-DTG 联合热分析仪一台；研钵；标准筛。

α-氧化铝（分析纯，200 目）；$CuSO_4 \cdot 5H_2O$（分析纯）。

四、实验步骤（缺热重相关设置）

1. 将分析纯的 $CuSO_4 \cdot 5H_2O$ 用研钵研细，用 200 目的标准筛过筛，将过筛后的粉末 $CuSO_4 \cdot 5H_2O$ 保存于广口试剂瓶中，若长期保存可放于干燥器内。

2. 将适量的 $CuSO_4 \cdot 5H_2O$ 和 α-氧化铝（200 目，并经过干燥处理）装入瓷坩埚中蹾实，体积约为坩埚的 3/4。用万分之一天平称量所取 $CuSO_4 \cdot 5H_2O$ 的实际质量。

3. 开启差热分析仪电源。通过自动升降按钮，使加热电炉上移至合适高度，将盛有 α-氧化铝和 $CuSO_4 \cdot 5H_2O$ 样品的坩埚分别小心放置在托架上，降下加热炉。

4. 打开计算机，启动热分析数据采集/分析工作站软件，进入新采集界面并按要求填写相关选项和参数设定，点"确定"后系统自动进入时时采集程序。当达到设定时间后，采集程序自动停止。

5. 进入工作站数据分析系统，按要求进行 DTA-TG-DTG 分析。

6. 取出坩埚，关闭热分析仪。

五、数据处理

1. 根据绘制出的差热曲线，列出差热曲线峰谷的起始、终止、峰值温度。

2. 解释 $CuSO_4 \cdot 5H_2O$ 的脱水过程。

3. 根据热重图谱，定量计算脱水量。

六、思考题

1. 影响差热分析实验结果的因素有哪些？如何防止？

2. 为什么要控制升温速度？升温过快有何后果？

3. 为什么差热分析中的温度必须从参照物中得到？

实验 11　二元金属相图的绘制

一、实验目的

1. 了解单组分和二组分体系步冷曲线的区别。

2. 用热分析法绘制 Sn-Bi 二组分相图。

3. 了解简单二组分固-液相图的特点。

二、实验原理

相是指系统内部物理性质和化学性质完全均匀的部分。在指定条件下，各相之间有明显的物理界面，且在相界面上其宏观性质的改变是飞跃式的。用图形来直观表示多相系统的状态如何随温度、压力和组成等变量的改变，能反映出系统在一定状态下相的数目和相态等相关信息，故把这种图称为相图。相图在地质学和工业生产中有重要的用途。

在一个多相平衡系统中，相数（相的数目）P、组分数（确定平衡系统中各相组成所需的化学物质的最少数目）C 和自由度（能够维持系统现有的相数不变而可以独立改变的强度变量数目）f 三者之间满足相律：$f = C - P + 2$。当压力恒定时，相律为 $f^* = C - P + 1$，其中 f^* 称为条件自由度。

由于变量数目不同，相图有平面图和立体图之分。对二组分系统，当恒定压力时，可以用温度和组成两个变量来绘制平面相图。二组分固液相图的绘制方法因体系不同而不同。

测绘金属相图常用的实验方法是热分析法，其原理是等压下将一种金属或合金熔融后，使之均匀冷却，每隔一定时间记录一次温度，这样记录的温度随时间关系曲线叫步冷曲线（图 1）。单相熔化物开始降温时，由于无相变发生，体系的温度随时间变化较大，冷却较快（图 1 的 1～2 段）。当体系内有一种固体析出时，就会放出热量，因此，降温速度就变缓慢，步冷曲线就会出现转折，该转折点称为拐点（图 1 中的 2 点），拐点所对应的温度，即为该体系的相变温度（如果总组成恰在低共熔点，则不出现拐点）。此时体系条件自由度 $f^* =$

$C-P+1=2-2+1=1$），温度会继续下降（图1的2～3段），继续降温至某一值时（图1中的3点）另一种固体析出，此时体系出现三相（两固一液），步冷曲线出现水平线段，称为平台（图1的3～4段），此时由于自由度为零（$f^*=C-P+1=2-3+1=0$），因此温度不再改变。尽管此时温度不变，但液相和固相的相对量却不断改变，液相量越来越少。当液相全部凝固成固相时，体系自由度又不为零（$f^*=C-P+1=2-2+1=1$），温度又开始下降（图1的4～5段）。

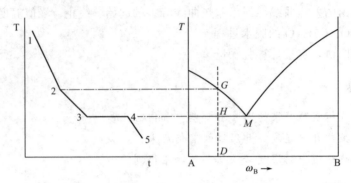

图1　典型的步冷曲线　　　图2　二元简单低共熔物相图

本实验测定的是锡、铋二组分体系相图。该二组分体系液相完全互溶，固相完全不互溶，无化合物生成，体系有一个低共熔点。这类体系的相图如图2所示。若图1中的步冷曲线为图2中总组成为 D 样品的步冷曲线，则转折点 2 相应于相图中的 G 点，为第一个固相（为纯态金属）开始析出的状态。水平段 3～4 相应于相图中 H 点，为低共熔物混合物的析出温度。绘制出一系列样品的步冷曲线，并从中得到拐点温度和平台温度。用横轴表示混合物的组成，纵轴表示温度，在坐标系中标出各个样品的组成和相变温度对应的点。把各样品平台温度相应的点连接成一条水平线段（注：水平线上 M 点组成的样品，其步冷曲线上有平台无拐点，该点即为低共熔点），在 M 点两侧，分别把纯金属熔点（也是凝固点）和各拐点温度对应的点连接成平滑曲线并延至 M 点，即可绘出相图。

用热分析法测绘相图时，被测体系必须时时处于或接近相平衡状态，因此必须保证冷却速度足够慢才能得到较好的效果，但是太慢会使实验时间加长。如果冷却速度过快，不容易得到拐点。此外，在冷却过程中，一个新的固相出现以前，常常发生过冷现象，轻微过冷则有利于测量相变温度；但严重过冷现象，却会使折点发生起伏，使相变温度的确定产生困难。遇此情况，可延长拐点前后两线相交，交点即为拐点。

三、仪器与试剂

金属相图测定装置一套；秒表 2 块。

含纯 Sn、纯 Bi 的样品管各 1 个；含 Bi-Sn 二组分的样品管 6 个。

四、实验步骤

1. 设置仪器参数。温度：350℃；加热功率：200W。

2. 加热选择档旋至"1"档，加热 1～4 号样品至熔化，当样品温度降到 250℃ 左右开始计时，每隔 1min 记录一次 4 个样品的温度。1 号纯 Sn 样品记录到约 230℃；2～4 号样品记录到约 120℃。

3. 加热选择档旋至"2"档，加热 5～8 号样品至熔化，当温度降低到 280℃左右开始计时，每隔 1min 记录一次 4 个样品的温度。8 号纯 Bi 样品记录到约 260℃停止，5～7 号样品记录需到约 120℃。

4. 关闭仪器电源。

五、数据处理

1. 绘制各样品的步冷曲线。

2. 找出各步冷曲线中拐点和平台对应的温度值，填入下表。

样品编号	1	2	3	4	5	6	7	8
组成(w_{Bi}/%)	0							100
拐点温度/℃	—							—
平台温度/℃								

3. 以温度为纵坐标，以组成为横坐标，绘出 Sn-Bi 合金相图。

六、思考题

1. 对于不同组成混合物的步冷曲线，其水平段长度有什么不同？

2. 冷却速度快慢对实验有何影响？

实验 12　双液系的气液平衡相图

一、实验目的

1. 了解沸点的测定方法。

2. 了解液体折射率的测定原理和方法。

3. 绘制环己烷、乙醇双液系的气液平衡相图。

4. 确定恒沸温度及恒沸组成。

二、实验原理

相和相图的概念参考"二元金属相图的绘制"实验原理。

液体的沸点是指液体的蒸气压和外压相等时的温度，在一定的外压下，纯液体的沸点有确定的数值，而对于双液系，沸点则不仅与外压有关，还与双液系的组成有关，即与双液系中两种液体的相对含量有关。

在通常情况下，双液系在蒸馏时气相组成与液相组成并不相同，但对于某些双液系，当体系的组成为一特定值时，也会出现气液两相的组成相同，沸点温度不再变化的情况。因此，用反复蒸馏的方法是不一定能再将双液系中的两种液体完全分离开的。要解决分离的问题，能不能分离的问题和在分离过程中应该怎样选择工艺条件的问题，就必须研究双液系的气液平衡相图。

完全互溶双液系的相图共有三种类型，见图 1。

图 1(a) 是一种理想的完全互溶双液系相图。图中纵轴是温度（沸点）T，横轴是液体

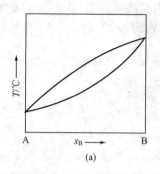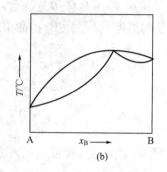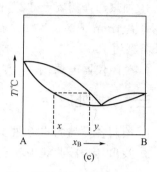

图 1 完全互溶双液系的等压相图

的摩尔分数 x_B，下面的一条曲线是液相线，上面的一条曲线是气相线。对此体系重复蒸馏（实际上是用精馏柱和精馏塔来完成这一系列"重复蒸馏"的），就能达到分离的目的，得到 A 和 B。

图 1(b) 和 (c) 是另外两种类型的完全互溶双液系相图，分别为对拉乌尔定律产生很大负偏差和正偏差的体系。而对这两种体系进行精馏，不能把两种物质完全分开。

通常，在相图中极值点对应的温度称为恒沸温度或恒沸点，这是因为具有该点组成的双液系在蒸馏时两相组成不再改变，因而其沸点温度也恒定不变的缘故。相应地，极值点对应组成的混合物，由于就其蒸馏特性来说，类似于液态单组分，气-液两相组成相同，沸点恒定，故称为"恒沸混合物"。环己烷和乙醇双液系的相图为图 1(c) 形式，具有最低恒沸点。

外界压力不同时，同一双液系的相图也不完全相同，所以恒沸温度和恒沸点组成还与外压力有关。通常压力变化不大时，二者数值变化也不大，在未注明压力时，一般就是指外压为一个大气压。

测绘这类相图时，要求同时测定溶液的沸点及气液平衡时两相的组成，本实验用回流冷凝法测定环己烷-乙醇在不同组成时的沸点，用折射率法测定组成。

沸点的定义虽然简单明确，但沸点的测定却不太容易，原因在于沸腾时常发生过热现象，而且在气相中又易出现分馏效应。实际所用沸点仪的种类很多，但基本设计思想均不外乎防止过热现象与分馏效应的产生。本实验所用沸点仪如图 2 所示，是一支带有回流冷凝管的长颈圆底烧瓶，冷凝管的底部有冷凝液储存球用以收集冷凝下来的气相组分，而液相组分则直接从烧瓶上口伸进移液管吸取，加热丝接低压电源，将电热丝直接浸在溶液中加热溶液，这样可以减少溶液沸腾时的过热现象，同时还可以防止暴沸。温度用精密温度计或温度传感器来测定，其位置要合适。

在设计上，沸点仪还应该能尽量减少气相的分馏作用，因为分馏作用会影响气相的组成，使取得气相样品与气液平衡时气相的组成产生偏差。本实验所用沸点仪，保证蒸馏瓶中溶液不会溅入

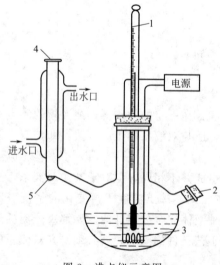

图 2 沸点仪示意图

1—温度计；2—进样口；3—加热丝；4—气
相冷凝取样口；5—气相冷凝液

冷凝液储存球前提下使冷凝液储存球和蒸馏瓶之间的距离最短，这是为了防止分馏作用的产生。

溶液的组成用物理方法测定，因为环己烷和乙醇折射率相差较大，且折射率法所需的样品量较少，所以对本实验适用。

折射率是物质的一个特征数值，每一种物质都有本身固有的折射率，当溶液的组成不同时折射率的数值也不同。因此，测定一系列组成已知的溶液折射率，作出在一定温度下该体系的折射率组成工作曲线（25℃时也可以利用表 1 中的数据绘制），然后，只要测得了未知溶液的折射率，就可用内插法查得其组成。

表 1　环己烷-乙醇体系的折射率-组成关系

$x_{乙醇}$	$x_{环己烷}$	n_D^{25}	$x_{乙醇}$	$x_{环己烷}$	n_D^{25}
1.00	0.00	1.35935	0.4016	0.5984	1.40342
0.8992	0.1008	1.36867	0.2987	0.7013	1.40890
0.7948	0.2052	1.37766	0.2050	0.7950	1.41356
0.7089	0.2911	1.38412	0.1030	0.8970	1.41855
0.5941	0.4059	1.39216	0.00	1.00	1.42338
0.4983	0.5017	1.39836			

物质折射率与温度有关，大多数液态有机化合物折射率的温度系数为 -0.004，因此在测定时应将温度控制在 ±0.2℃范围内，才能将这些液体样品的折射率测准到小数点后 4 位。对挥发性溶液或易吸水样品，操作要迅速，以防止挥发或吸水，影响分析的准确度。

当不同配比的溶液放在沸点仪中，加热至沸腾一段时间后，记下沸腾温度，分别取少量的气相冷凝液和液相，用阿贝折光仪分别测定气相和液相的折射率，根据工作曲线得到气、液两相的组成。以组成为横坐标，温度为纵坐标，连接液相组成的点可以得到液相线，连接气相组成的点可以得到气相线，这样就可以绘制出环己烷-乙醇体系的相图。

三、仪器与试剂

双液系沸点测定仪；阿贝折光仪；移液管（25mL，10mL，2mL）；超级恒温槽。
乙醇（分析纯）；环己烷（分析纯）。

四、实验步骤

1. 环己烷-乙醇溶液的折射率-组成工作曲线的测定

测定工作应包括下列三个步骤。

（1）配制溶液：取清洁而干燥的称量瓶，用称量法配制环己烷质量分数为 10％、15％、40％、50％、70％、85％（准确到 0.5％）的乙醇溶液各 5mL 左右，配制与称量要防止样品挥发；要用分析天平准确称取。

（2）测定折射率：首先将通过阿贝折光仪空腔的恒温水调至（25.0±0.2）℃，然后用折光仪分别测定环己烷、乙醇及上面配制各个溶液的折射率。

（3）取环己烷-乙醇溶液的组成为横坐标，溶液的折射率 n_D^{25} 为纵坐标作图，即得折射率-组成工作曲线（或直接使用给出的工作曲线）。

2. 安装沸点仪

将干燥的沸点仪按图 2 用夹子固定在铁架台上（用两个烧瓶夹将蒸馏烧瓶和冷凝器小心夹牢）。烧瓶侧管的外面应缠上保温用的石棉绳，以减少气相的分馏作用。加热用的电热丝要靠近蒸馏瓶的底部，温度计和电热丝要离开一段距离。

3. 阿贝折光仪的安装与使用

将阿贝折光仪的恒温水胶管与超级恒温槽相连，启动恒温槽，调节通入折光仪的水温为 (25.0 ± 0.2)℃。这样，已经校准的折光仪就可以使用了。

由于环己烷和乙醇都是易挥发性物质，所以在每次测定后，只要将仪器的棱镜打开，样品就会挥发掉，通常不必再用绸布或擦镜纸擦拭。

4. 沸点的测定，组成的测定

（1）取 25.00mL 环己烷加入蒸馏烧瓶 A，拧紧塞子，调节好温度计探头的位置（探头底部离开加热丝，位于溶液中部）。接通加热用的低压电源（约 10V），使环己烷平稳沸腾，待温度平衡后，记下其沸点温度，断电。

（2）加入 0.20mL 乙醇，重新装好仪器，通电加热至沸，待沸点温度稳定且气相冷凝液已得到充分回流后，记下沸点，然后停止加热，用一只带乳胶头的干燥吸管从蒸馏烧瓶上口取出溶液少许，加到折光仪的二棱镜之间，测定其折射率 n——由此数值可查得二元系的液相组成。用另一只干燥吸管，从冷凝管的上部插入。取出全部冷凝液，测定折射率 n——由此数据可查得二元系的气相组成。

（3）按上法再依次加入 0.50、1.00、2.00、3.00、5.00、5.50（mL）乙醇，做同样实验。

（4）上述实验完毕后，回收废液，并且用少量乙醇洗瓶三次（每次应尽量倒干净），然后加 25.00mL 乙醇，仿上面的方法，先测定乙醇的沸点，然后依次加入 1.00、2.00、3.00、4.00、5.00、6.00（mL）环己烷，记录下各平衡体系的沸点温度，测定出气液两相的折射率，最后，将废液倒入回收瓶中。

（5）所有数据均填入预先设计好的表格中。

五、数据处理

1. 绘制工作曲线。由测得的折射率，根据实验温度下环己烷和乙醇密度，计算出各溶液的组成（$x_{乙醇}$），绘制折射率-组成曲线（或利用表 1 中数据绘制，并拟合出相应的方程）。

2. 测定结果列表。根据测定的气、液相溶液的折射率数据，从工作曲线上查得相应的组成。把两相的组成与溶液的沸点列于表中。

3. 绘制环己烷-乙醇的气液平衡相图。

4. 确定在实验大气压下该体系的最低恒沸点及恒沸混合物的组成。

六、思考题

1. 在本实验中，气液两相是如何达到平衡的？

2. 沸点仪中的冷凝液储存球的体积过大或过小，对测定有何影响？

3. 按所得的相图，讨论此二元溶液精馏的分离情况。

实验 13　绘制苯-乙酸-水三元相图

一、实验目的

1. 掌握滴定法绘制三元等温相图的实验方法。
2. 掌握三角坐标绘制三元相图的方法。
3. 绘制苯-醋酸-水三组分体系等温相图。

二、实验原理

水和苯的相互溶解度极小，而乙酸与水和苯都互溶，在水和苯组成的二相混合物中加入乙酸，能增大水和苯之间的互溶度，随着乙酸的增加，互溶度也随之增大，当加入乙酸达到一定量时，水和苯变得能完全互溶，这时原来两相组成的混合物由浑变清，在恒定温度下，使二相体系变为均相所需要乙酸的量，取决于原来混合物中水和苯的比例。

同样，原来的均相体系要分成水相和苯相的两相混合物，体系由清变浑，使体系变成两相所需加水的量，则由苯和乙酸混合物的起始组成所决定。因此可利用体系在相变化时的浑浊和清亮现象的出现，来辨别体系中各组分间的互溶度的大小，通过肉眼容易分辨由清变浊，所以本实验由均相样品加入第三组分使之出现两相的方法，测定二相间的相互溶解度。

当二相共存并且达到平衡时，将二相分离，测得二相组成。然后用直线连接这两点，即得连接线。一般用等边三角形坐标法表示三元相图，见图 1。

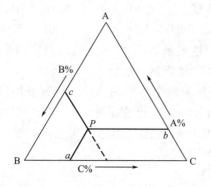

图 1　等边三角形法表示三元相图

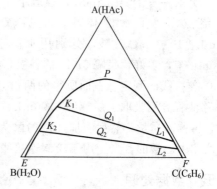

图 2　共轭溶液的三元相图

等边三角形的三个顶点分别表示纯物 A、B、C，三条边 AB、BC、CA 分别表示 A 和 B、B 和 C、C 和 A 所组成的二组分体系的组成，三角形内任何一点都表示三组分体系的组成。图 1 中，P 点的组成表示如下：首先经 P 点作平行于三角形三边的平行线，并交三边于 a、b、c 三点。若三角形的每条边均分成 100 等份，则线段 Cb、Ac、Ba 分别对应于 P 点的 A、B、C 组成。分别为：A%=Cb，B%=Ac，C%=Ba。对共轭溶液的三组分体系，即三组分中两对液体 A 与 B 及 A 与 C 完全互溶，而另一对液体 B 与 C 只能有限度地混溶，其相图如图 2 所示。

图 2 中，E、K_2、K_1、P、L_1、L_2、F 点构成溶解度曲线，K_1L_1 和 K_2L_2 是连接线。P 为互溶点，溶解度曲线内是两相区，溶解度曲线外是单相区，因此，利用体系在相

变化时出现的清浊现象，可以判断体系中各组分间互溶度的大小。一般来说，溶液由清变浑时，肉眼较易分辨。

苯-乙酸-水三组分体系中，乙酸和水、乙酸和苯都是完全互溶的，而水和苯互溶度很小。通过向已知组成的均相体系中滴加水使之变成两相混合物，从而绘制出互溶度曲线，也就是三组分等温相图。

用酸碱滴定法分别测定已知总组成的平衡体系中两相的乙酸含量，可以确定两相的组成，连接两相组成的点就得到连接线。连接线应该通过总组成点（即物系点）。

三、仪器与试剂

带塞锥形瓶（100mL 2 只，25mL 4 只）；酸式滴定管（50mL 3 支）；碱式滴定管（50mL 2 支）；移液管（1mL 1 支，2mL 1 支）；刻度移液管（10mL 1 支，20mL 1 支）；分液漏斗（2 支）。

冰醋酸（分析纯）；苯（分析纯）；$NaOH(0.5000 mol \cdot L^{-1})$；酚酞指示剂。

四、实验步骤

1. 互溶度曲线的测定。用移液管取 10.00mL 苯及 5.00mL 乙酸，置于干燥的 100mL 锥形瓶 I 中，摇成均相，然后摇动下慢慢地滴加水，至溶液由清变浑时，即为终点，记下加水的体积。然后依次用同样方法加入 5.00mL、5.00mL、8.00mL、8.00mL 乙酸，分别再用水滴至终点，记录每次各组水的用量。最后一次加入 10.00mL 苯，盖好，并每间隔 5min 摇动一次，半小时后用此溶液测连接线。

2. 另取一只干燥的 100mL 锥形瓶 II，用移液管移入 1.00mL 苯及 2.00mL 乙酸，用水滴至终点，记下水的体积。最后依次加入 1.00mL、1.00mL、1.00mL、1.00mL、2.00mL、10.00mL 乙酸，分别用水滴定至终点，并记录每次各组分的用量。最后加入 15.00mL 苯，盖好，每隔 5min 摇一次，半小时后用此溶液测连接线。

3. 连接线的测定。上面所得的两份溶液分别转移到两个分液漏斗中，待其分层后，用 2mL 移液管分别吸取上层液约 2.00mL，下层液约 1.00mL 于已称量的 4 个 25mL 带塞锥形瓶中，再称其质量，然后滴加几滴酚酞为指示剂，用标准 NaOH 溶液滴定乙酸含量。分别求出两相中乙酸的含量，用于绘制连接线。

五、数据处理

1. 三组分相图的绘制

（1）查表得到在实验温度下水、乙酸和苯的密度。

（2）计算乙酸含量。根据各次所用苯、乙酸和水的体积及密度求出每次体系出现两相时三种组分的质量及体系的总质量，计算出三种组分所占的质量分数，填入表 1。

表 1　滴定过程各组分的体积、质量和质量分数

编号	V/mL			m/g			w/%		
	C_6H_6	HAc	H_2O	C_6H_6	HAc	H_2O	C_6H_6	HAc	H_2O
1	10.00	5.00							
2	10.00	10.00							
3	10.00	15.00							

编号	V/mL			m/g			w/%		
	C_6H_6	HAc	H_2O	C_6H_6	HAc	H_2O	C_6H_6	HAc	H_2O
4	10.00	23.00							
5	10.00	31.00							
6	1.00	2.00							
7	1.00	3.00							
8	1.00	4.00							
9	1.00	5.00							
10	1.00	6.00							
11	1.00	8.00							
12	1.00	18.00							
E									
F									
Q_1	20.00	31.00							
Q_2	16.00	18.00							

E、F 两点数据：苯和水的溶解度。

$T/℃$	10	20	25	30	40
苯溶于水中时 $w(C_6H_6)/\%$	0.163	0.175	0.180	0.190	0.206
水溶于苯中时 $w(H_2O)/\%$	0.036	0.050	0.060	0.072	0.102

（3）绘制互溶度曲线

将以上组成数据在三角形坐标纸上作图，连接成互溶度曲线，即得三组分等温相图。

2. 连接线的绘制

（1）计算两瓶中最后乙酸、苯、水的质量分数，标在三角形坐标纸上，为总组成点。

（2）在互溶度曲线上分别标出乙酸在水层和苯层的质量分数。

（3）在互溶度曲线上，将每个样品的组成点用直线连接。画出连接线。每一条连接线应通过各自的总组成点。

溶液		$W_{总}/g$	V_{NaOH}/mL	$w_{HAc}/\%$
锥形瓶Ⅰ	上层			
	下层			
锥形瓶Ⅱ	上层			
	下层			

六、思考题

1. 为什么根据体系由清变浑的现象即可测定相界？

2. 本实验中根据什么原理求出苯-乙酸-水体系的连接线？

实验 14　环己烷-水-乙醇三组分等温相图的绘制

一、实验目的

1. 测绘环己烷-水-乙醇三组分系统的相图。
2. 掌握三角形坐标的使用方法。

二、实验原理

三组分系统的相律为 $f = C + 2 - P = 5 - P$，最大自由度（单相即 $P = 1$ 时）$f = 4$，相图难以绘制。恒压时自由度 $f^* = 4 - P$，最大自由度 $f^* = 3$，相图可用三维空间坐标来表示，通常使用正三棱柱，柱高表示温度。若温度和压力均恒定，$F = 3 - P$，最大自由度 $F = 2$，可用平面图来表示组成关系。

若用质量分数 w（或物质的量分数 x）描述系统的组成时（图 1），等边三角形的三个顶点分别代表纯组分 A、B、C，三条边 AB、BC、CA 上的点代表一个二组分的组成，三角形内任意一点表示三组分的组成。以图 1 中点 P 为例，经点 P 作平行于三角形三边的直线 Pa、Pb、Pc，则点 P 对应组分 A、B、C 的相对含量分别为 $w_A = Ca = Pc$，$w_B = Ab = Pa$，$w_C = Bc = Pb$。

反之，若已知系统的组成，要在三角形内确定系统的组成点时，可在 CA 边上取线段 Ca 长度等于组分 A 的组成 w_A，在 AB 边上取线段 Ab 长度等于组分 B 的组成 w_B，通过点 a 作平行于 BC 的直线，通过点 b 作平行于 AC 的直线，这两条直线的交点 p 即为系统的组成坐标点。

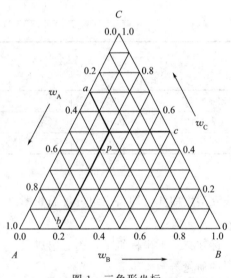

图 1　三角形坐标

在环己烷-水-乙醇三组分系统中，环己烷和水完全不互溶，而乙醇和环己烷及乙醇和水完全互溶。在环己烷-水系统中加入乙醇时可促使环己烷和水的互溶。设有一个环己烷-水的二组分系统（图 2），其组成点为 K，于其中加入乙醇，则系统总组成沿 KC 线变化（环己烷-水比例保持不变），在曲线以下区域内存在互不溶混的两共轭相，将溶液振荡时出现浑浊状态。继续滴加乙醇直至曲线的 d 点，系统将由两相区进入单相区，液体由浑浊转为清澈。继续滴加乙醇至点 e，液体仍为清澈的单相。如果在这一系统中滴加水，则系统总组成将沿 eB 线变化（乙醇-环己烷比例保持不变），直到曲线上的点 f，则由单相区进入两相区，液体由清澈变浑浊。继续滴加水至点 g 为两相。如果在此系统中加入乙醇，至点 h 则由两相区进入单相区，液体由浑浊变清。如此反复进行，可获得位于曲线上的点 d、f、h、j，将它们连接即得单相区与多相区分界的曲线（即溶解度曲线），如图 2 所示。

在环己烷-水的二组分系统中，加入乙醇时将在环己烷层及水层中的分配，但两层中分配比例不同，因此代表两层组成的点 H 和 G 的连线（称为连接线，见图 3）一般不与底边平行，但整个系统的组成点 O 应落在连接线上。设将组成为 E 的环己烷-乙醇混合液，通过滴加水到组成点为 G，质量为 m_G 的水层溶液，则系统总组成点将沿直 GE 向 E 移动，当移至点 F 时，液体由浑浊转变清（由两相转变为单相）。根据杠杆规则，加入环己烷-乙醇混合物的质量 m_E 与水层 G 的质量 m_G 之比有如下关系 $m_E/m_G = FG/EF$。

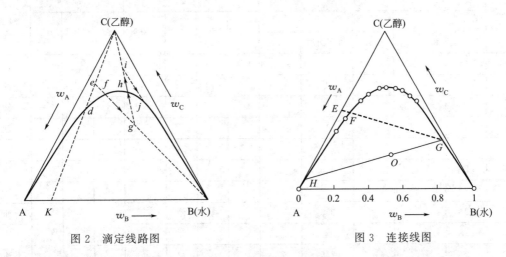

图 2　滴定线路图　　　　　　　　　图 3　连接线图

已知点 E 及比值 FG/EF 后，可通过点 E 作曲线的割线，使线段符合 $FG/EF = m_E/m_G$，从而可确定点 G 的位置。由点 G 通过原系统总组成点 O，即可得连接线 GH。G 及 H 代表总组成为 O 的系统的两个共轭溶液，G 是它的水层。

三、仪器与试剂

电子天平 1 台；20mL 酸式滴定管 3 支；1mL、2mL 刻度移液管各 3 支；100mL 烧杯 2 只；100mL 锥形瓶 3 只；分液漏斗 1 只。

环己烷（分析纯）；无水乙醇（分析纯）。

四、实验步骤

1. 溶解度数据的测定

移取 2mL 环己烷到 100mL 干燥的锥形瓶中，用刻度移液管吸取 0.1mL 水加入锥形瓶中，摇均变浊（温度 30℃左右时可能观察不到!）。然后用滴定管滴加 1 滴乙醇，充分摇动至均匀，注意摇动后瓶的内壁不能挂有液珠，如此反复滴至溶液恰由浊变清时，记下所加乙醇的体积。于此液中再滴加 1mL 乙醇，用水返滴至溶液刚由清返浊，记下所用水的体积。按照记录表中所规定的量继续加入水，然后又用乙醇滴定，如此反复进行实验。

2. 连接线的测定

用移液管依次吸入 3mL 环己烷、3mL 水及 3mL 乙醇于干燥的分液漏斗中，充分摇动后静置分层，放出下层即水层约 1mL 于已称重的 100mL 干燥锥形瓶中，称其质量。然后滴加质量分数为 50% 的环己烷-乙醇混合物（需预配制约 20mL），不断摇动，至由浊变清，再称其质量。

五、数据处理

1. 根据温度查表得到水、乙醇及环己烷的密度。

2. 将终点时溶液中各成分的体积，根据其密度换成质量，求出各组分的质量分数，填入表1。

表1　互溶度曲线数据　（表中 A 为环己烷，B 为水，C 为乙醇）

编号	V/mL					m/g				ω			终点
	A	B		C		A	B	C	总质量	A	B	C	
		每次滴加	合计	每次滴加	合计								
1	2	0.1											清
2	2			1									浊
3	2	0.2											清
4	2			1									浊
5	2	0.6											清
6	2			1.5									浊
7	2	1.5											清
8	2			3.5									浊
9	2	4.5											清
10	2			7.5									浊

3. 绘制互溶度曲线。把表1中所得结果绘于三角坐标纸上。将各点连成平滑曲线，并用虚线将曲线外延到三角形的两个顶点（因为水与环己烷在室温下可以认为完全互不相溶）。

4. 绘制连结线。按表2进行计算。

表2　连结线数据

系统 O 点组成				确定相点 G				点 E 的组成 ω		
物质	A	B	C	空瓶质量/g				ω_A	ω_B	ω_C
体积/mL	3	3	3	水层质量/g		水层质量 m_G/g				
质量/g				滴液后质量/g		滴液质量 m_E/g				
ω				$m_E : m_G$						

根据计算结果，在三角坐标上定出 50% 环己烷-乙醇混合物组成点 E，过 E 作曲线的割线 EG，割曲线于 F，使 $FG/EF = m_E/m_G$。求得点 G 后，与系统原始总组成点 O 连接，延长并与曲线交于 H 点，GH 即为所求连结线。

六、思考题

1. 当系统总组成点在溶解度曲线内与外时，相数有什么变化？

2. 连接线交于溶解度曲线上的两点代表什么？

3. 用相律说明恒温恒压时三组分系统单相区的自由度是多少？

4. 使用的锥形瓶为什么要先干燥？

5. 用水或乙醇滴定至清浊变化以后，为什么还要加入过剩量？过剩量的多少对结果有无影响？

6. 有什么方法可以测定相的组成？

实验 15　燃烧热的测定

一、实验目的

1. 了解氧弹式量热计的结构。
2. 掌握测定等容燃烧热的实验技术。
3. 测定蔗糖燃烧反应的等容热，计算蔗糖的摩尔燃烧焓。

二、实验原理

物质的燃烧热是指一定压力下 1mol 物质完全燃烧时的热效应。完全燃烧是指 C 变为 $CO_2(g)$，H 变为 $H_2O(l)$，S 变为 $SO_2(g)$，N 变为 $N_2(g)$ 等。例如在标准压力下 1mol 苯甲酸燃烧的反应为：

$$C_6H_5COOH(s) + 7.5O_2(g) \longrightarrow 7CO_2(g) + 3H_2O(l) \tag{1}$$

该反应的标准摩尔焓变 $\Delta_r H_m^{\ominus}$ 即为苯甲酸的标准摩尔燃烧焓 $\Delta_c H_m^{\ominus}$，测得系统放热 3226.9kJ，则 $\Delta_r H_m^{\ominus} = \Delta_c H_m^{\ominus} = -3226.9 \text{kJ/mol}$（根据规定，系统吸热时，$Q > 0$；系统放热时，$Q < 0$）。

燃烧热是化学中的一个重要数据，许多不能或不易直接测定的化学反应热效应，可通过盖斯定律间接计算出来。因此，测定燃烧热是热化学中的重要实验手段。

测定燃烧热的装置为氧弹式量热计，如图 1 所示。在燃烧热测定中应使体系与外界绝热，尽量减少体系和环境之间的热交换。把量热计中的氧弹（结构如图 2 所示）置于内筒 4 中，一并作为实验的体系，与外界环境以空气层绝热。为了减少热辐射和控制环境恒温，外筒 1 为双层夹套，内装与室温相近的水。为使体系温度很快达到均匀，还装有搅拌器 6，为了防止通过搅拌传导热量，金属棒上由绝缘热良好的胶木棒与马达相连，用精密温度计 7 测量温度的变化，由控制器引燃电极点火。

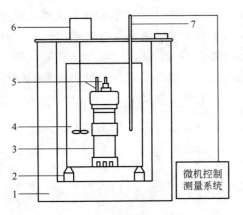

图 1　氧弹量热计示意图

1—外筒；2—绝热定位圈；3—氧弹；4—水桶；5—电极；
6—水桶搅拌器；7—温度传感器探头

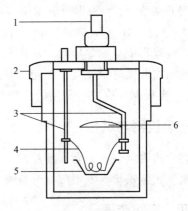

图 2　氧弹的构造

1—氧弹头，既是充气头，又是放气头；2—氧弹盖；
3—电极；4—引火丝；5—燃烧杯；6—燃烧挡板

一定量的物质在氧弹中完全燃烧时放出的等容热：

$$Q_V = C_V \Delta T \tag{2}$$

式中 C_V 为体系等容热容（J/K），ΔT 为体系的温度升高值（K），Q_V 为等容热（J）。

通常使用的燃烧热数据为等压热 Q_p。把气体近似成理想气体时，等压热和等容热的关系为：

$$Q_p = Q_V + RT \Delta n(g) \tag{3}$$

式中 $\Delta n(g)$ 为反应后和反应前气态物质的物质的量变化值（mol）。T 为反应温度（K）。

根据热力学第一定律，在不做非膨胀功的封闭系统中 $Q_V = \Delta U$，$Q_p = \Delta H$。于是：

$$\Delta H = \Delta U + RT \Delta n(g) \tag{4}$$

当反应进度为 1mol 时，可导出反应的摩尔焓变 $\Delta_r H_m$ 与摩尔热力学能变化 $\Delta_r U_m$ 之间的关系：

$$\Delta_r H_m = \Delta_r U_m + \sum \nu_B RT \tag{5}$$

其中 $\sum \nu_B$ 为反应式中气体物质计量系数之和（规定计量系数对反应物取负值，对产物取正值）。

例如在室温下对蔗糖的燃烧反应：$C_{12}H_{22}O_{11}(s) + 12O_2(g) \longrightarrow 12CO_2(g) + 11H_2O(l)$，$\sum \nu_B = 0$。对该反应，由于 $\Delta_r H_m = \Delta_c H_m$，$\Delta_r U_m = \Delta_c U_m$，所以

$$\Delta_c H_m = \Delta_c U_m + \sum \nu_B RT \tag{6}$$

将 $\Delta_c U_m = \dfrac{\Delta U}{n} = \dfrac{Q_V}{n}$ 和 $n = \dfrac{W}{M}$ 代入（6）式，得到摩尔燃烧焓：

$$\Delta_c H_m = \frac{Q_V M}{W} + \sum \nu_B RT \tag{7}$$

式中 M 和 W 分别为样品的摩尔质量和质量。对蔗糖，$M = 342.3g/mol$。

可见，在温度 T 时测定出 W 质量的有机物燃烧时的等容热 Q_V，利用反应式求出 $\sum \nu_B$，即可求得该物质的摩尔燃烧焓。

本实验测定蔗糖的摩尔燃烧焓，蔗糖燃烧时的等容热 Q_V 可利用氧弹式量热计测定。

首先用标准物苯甲酸标定体系的等容热容 C_V。方法是称量一定量的苯甲酸在氧弹中完全燃烧，放出的热使系统（包括内水桶、氧弹、测温器件、搅拌器和水等）温度升高，测定出温度升高值 ΔT。根据所取苯甲酸质量和点火丝质量（已知苯甲酸和点火丝燃烧时等容热分别为 26434.3J/g 和 6688J/g），并忽略引火棉线燃烧及 N_2 生成硝酸时放出的热，可计算出在燃烧过程中总的等容热，利用公式（2）可计算出体系的等容热容 C_V。然后称取一定质量的待测物蔗糖进行燃烧，测定体系温度的升高值 ΔT，根据公式（2）计算蔗糖的等容燃烧热 Q_V。再根据反应式，利用公式（7）即可求得蔗糖的摩尔燃烧焓。

三、仪器与试剂

燃烧热测定装置一套；压片机。

氧气；细铁丝；苯甲酸（分析纯）；蔗糖（分析纯）。

四、实验步骤

1. 粗称 0.5g 苯甲酸后将其用压片机压片。用分析天平分别准确称量苯甲酸压片和点火丝（细铁丝）的质量。

2. 拧开氧弹盖，将两个电极擦净，并将点火丝两端分别紧密固定在两个电极上，在点

火丝上系上一小段棉线，将棉线放进样品锅，并把制成的样品压片放在棉线上面。拧紧氧弹盖。

3. 打开氧气钢瓶，通过氧弹进气阀充气至约 20atm。

4. 将氧弹放入量热计内桶中，放下桶盖。

5. 打开计算机。打开燃烧热测试软件进行参数设定：首先用鼠标点击"设备1"，然后点击"打开串口"，在参数设定窗口中"点火热"指点火丝燃烧放出的热量，按点火铁丝质量×6688计算得到；"添加物热"指棉线燃烧放出的热量，可以忽略不计。"标准热值"输入 26434.3（是指 1g 苯甲酸的发热量，$J \cdot g^{-1}$），输入样品压片的质量（g）。上水时间输入 30s（保持不变）。设定好参数后点击"确定"，最后再点击燃烧热测定程序的"热容量测试"，开始实验。

6. 仪器先向量热计的内桶泵入水 30s，然后自动进行点火测量，测量完毕给出体系的恒容热容（$J \cdot K^{-1}$）。记录该值。

7. 取出氧弹，先用放气阀放气，放完气后即可打开氧弹。重复测定一次。

8. 称约 0.8g 蔗糖，压片后用分析天平准确称量，并且再称一根点火丝的质量。将样品换为蔗糖，重复上述 2~7 步骤。注意在参数设定中不需要输入"标准热值"，而需要输入"系统热容"（取两次测定出的体系热容的平均值），并点击程序左上角的"发热量测试"开始实验，测量完毕软件自动计算出每克蔗糖燃烧的等容热 Q_V/W（$J \cdot g^{-1}$）。

9. 实验完成后，记录结果。关闭仪器电源，并清理氧弹。

五、数据处理

1. 按下表列出数据。

苯甲酸燃烧			蔗糖燃烧		
铁丝质量/g	样品质量/g	热容 C_V/J · K^{-1}	铁丝质量/g	样品质量/g	Q_V/W/J · g^{-1}

2. 由反应方程式和测定出的 Q_V/W 值，计算蔗糖的摩尔燃烧焓 $\Delta_c H_m$，设温度为室温。

六、思考题

1. 使用钢瓶应注意哪些事项？
2. 实验中使用标准物的目的是什么？

实验 16　滴定法测定碘和碘离子平衡常数

一、实验目的

1. 测定碘在四氯化碳和水中的分配系数。
2. 测定碘和碘离子反应的平衡常数。

二、实验原理

在定温定压下，如果一个物质溶解在两个同时存在的互不相溶的液体里，达到平衡后，该物质在两相中浓度之比等于常数，称为分配定律：

$$\frac{c_B^\alpha}{c_B^\beta} = K_d \tag{1}$$

式中，c_B^α、c_B^β 分别为溶质 B 在溶剂 α、β 中的浓度；K_d 称为分配系数。影响 K_d 的因素有温度、压力、溶质及两种溶剂的性质。当溶液浓度不大时，该式能很好地与实验结果相符。

应用分配定律时应注意，如果溶质在任一溶剂中有缔合现象或离解现象，则分配定律仅能适用于在溶剂中分子形态相同的部分。

在定温定压下，碘溶于碘化物（如碘化钾 KI）溶液中，形成如下平衡：

$$I^- + I_2 \Longrightarrow I_3^- \tag{2}$$

该反应的平衡常数 K_c 可由各组分达平衡时的浓度计算：

$$K_c = \frac{[I_3^-]}{[I^-][I_2]} \tag{3}$$

为了测定平衡常数，应在不扰动平衡状态的条件下测出平衡时各物质的浓度。通常，在化学分析中用碘量法测定水溶液中的 I_2，但在本实验系统中，当用 $Na_2S_2O_3$ 标准溶液滴定达平衡时 I_2 的浓度时，随着 I_2 的消耗，上述反应平衡将向左移动，使 I_3^- 继续分解直至完全，最后测出的实际是溶液中 I_2 和 I_3^- 浓度的总和。怎样才能测定水溶液中 I_2 的浓度呢？为了解决这个问题，可在上述溶液中加入 CCl_4，然后充分摇匀，I^- 和 I_3^- 不溶于 CCl_4，当温度压力一定时，上述化学平衡和 I_2 在四氯化碳层/水层的分配平衡同时建立，测得四氯化碳层中 I_2 的浓度，即可根据分配系数 K_d 求得水层中 I_2 的浓度。

本实验先在一定温度压力下将 I_2 的四氯化碳溶液与水混合，平衡时分析两相中 I_2 的浓度，求得分配系数 K_d。然后在相同温度压力条件下将 I_2 的四氯化碳溶液与 KI 的水溶液混合，建立复相同时平衡。

平衡时，水层中各物质的浓度表示如下：

I_2 的浓度 a：$\qquad\qquad a = a'K_d$

（$I_2 + I_3^-$）总浓度 b：$\qquad$ 用 $Na_2S_2O_3$ 标准溶液滴定即得

I_3^- 的浓度：$\qquad\qquad b - a$

I^- 的浓度：$\qquad\qquad$ 等于 I^-（也即 KI）的初始浓度 c 减去 I_3^- 的浓度（$b-a$）

根据上述分析，得到复相同时平衡关系中各组分的浓度关系如下：

$$
\begin{array}{ccccc}
I^- & + & I_2 & \Longrightarrow & I_3^- \\
c-(b-a) & & a & & b-a \qquad\qquad \text{水层}
\end{array}
$$

$\cdots\cdots\cdots\cdots\cdots\cdots\cdots\cdots\cdots\cdots\cdots$ 分界面

$$
\begin{array}{c}
I_2 \qquad\qquad \text{四氯化碳层} \\
a'
\end{array}
$$

故反应 $I^- + I_2 \Longrightarrow I_3^-$ 的平衡常数 K_c 为：

$$K_c = \frac{[I_3^-]}{[I^-][I_2]} = \frac{b-a}{[c-(b-a)]a} \tag{4}$$

因此，只要首先测定出 I_2 在四氯化碳层/水层的分配系数 K_d，测定出复相体系中 I_2 的浓度，就可以计算出水层中 I_2 的浓度 a。滴定出 I_2 和 I_3^- 的总浓度 b，再利用 KI 的初始浓度 c 就可以按照式(4)计算平衡常数。

三、仪器与试剂

恒温槽 1 套；碘量瓶（250mL）2 个；量筒（25mL，100mL）各 1 个；移液管（25mL，5mL）各 1 支；碱式滴定管（25mL，5mL）各 1 支；锥形瓶 2 个。

$0.02mol \cdot L^{-1}$ I_2 的 CCl_4 溶液；$0.10mol \cdot L^{-1}$KI 水溶液；$0.02mol \cdot L^{-1}$ $Na_2S_2O_3$ 标准溶液；1% 淀粉溶液。

四、实验步骤

1. 取两个碘量瓶，编好号，用量筒按下表配制溶液，随即盖好。

编号	H_2O 体积/mL	KI 水溶液体积/mL	I_2 的 CCl_4 溶液体积/mL
1	100	0	25
2	0	100	25

2. 将配好的溶液剧烈振荡 10min，然后置于恒温槽中并不时摇动，使系统温度均匀，恒温 30min。待系统分为两层后（如水层表面还有 CCl_4 可轻轻摇动使之下沉），取样分析。水层取 25.00mL，四氯化碳层取 5.00mL（为了不使水层样品混入，取样时先用手指塞紧移液管上端口，再直插入四氯化碳层中吸取）。因 1 号瓶四氯化碳层、2 号瓶水层样品中含 I_2 量大，需用 25mL 滴定管，而 1 号瓶水层、2 号瓶四氯化碳层样品中含 I_2 量小，则用 5mL 微量滴定管。

3. 水层分析。取样 25.00mL，先用 $Na_2S_2O_3$ 标准溶液滴定至淡黄色，再加约 0.50mL 淀粉指示剂（此时溶液呈蓝色），然后继续滴至蓝色恰好消失，记下所消耗 $Na_2S_2O_3$ 溶液的体积（滴定数次，取平均。下同）。分析水层样品时，淀粉溶液不要加得太早，否则形成 I_2 的淀粉配合物不易分解。

4. 四氯化碳层分析。取样 5.00mL，先加入 5.00mL 水和 5.00mL $0.10mol \cdot L^{-1}$KI 水溶液（促使四氯化碳层中的 I_2 尽快进入水层），充分摇动（滴定时也要充分摇动），加约 0.50mL 淀粉指示剂，再用 $Na_2S_2O_3$ 标准溶液滴定至水层蓝色消失，四氯化碳层不再出现红色，记下所消耗 $Na_2S_2O_3$ 溶液的体积。滴定后及碘量瓶中剩余的四氯化碳层均应倒入指定回收瓶中。

五、数据处理

1. 记录各次滴定所消耗 $Na_2S_2O_3$ 标准溶液的体积，计算相应样品中 I_2 的浓度（四氯化碳层中是 I_2，水层中是 $I_2 + I_3^-$）。

2. 由 1 号瓶样品数据，计算 I_2 在四氯化碳和水中的分配系数 $K_d = \dfrac{[I_2]_{H_2O}}{[I_2]_{CCl_4}}$。

3. 由 2 号瓶样品数据，计算碘和碘离子反应 $KI + I_2 \xrightarrow{\quad} KI_3$ 的平衡常数 K_c。

六、思考题

1. 本实验在碘量瓶中配制溶液时，为什么可以用量筒来取溶液？此时，溶液体积是否要很准确？

2. 测定平衡常数及分配系数为什么要求恒温？

3. 本实验为什么要通过分配系数的测定求反应的平衡常数？

实验 17　氨基甲酸铵分解平衡常数的测定

一、实验目的

1. 测定氨基甲酸铵分解反应的平衡常数。
2. 计算分解反应中几个热力学函数的变化值。

二、实验原理

氨基甲酸铵的分解可用下式表示：

$$NH_2COONH_4(s) \underset{}{\overset{K_p^{\ominus}}{\rightleftharpoons}} 2NH_3(g) + CO_2(g) \tag{1}$$

设反应中气体为理想气体，则其标准平衡常数（简称平衡常数）的计算式为：

$$K_p^{\ominus} = \left(\frac{p_{NH_3}}{p^{\ominus}}\right)^2 \left(\frac{p_{CO_2}}{p^{\ominus}}\right) \tag{2}$$

式中，p_{NH_3} 和 p_{CO_2} 分别表示反应温度下 NH_3 和 CO_2 的平衡分压；$p^{\ominus}$ 为 100kPa。设平衡总压为 p（也称为解离压力或分解压力）则：

$$p_{NH_3} = \frac{2}{3}p \; ; \; p_{CO_2} = \frac{1}{3}p$$

代入式(2)，得到：

$$K_p^{\ominus} = \left(\frac{2p}{3p^{\ominus}}\right)^2 \left(\frac{p}{3p^{\ominus}}\right) = \frac{4}{27}\left(\frac{p}{p^{\ominus}}\right)^3 \tag{3}$$

因此测得一定温度下的平衡总压后，即可按式(3) 计算出此温度下反应标准平衡常数 $K_p^{\ominus}$。

氨基甲酸铵分解是一个热效应很大的吸热反应，温度对平衡常数的影响比较灵敏。但当温度变化范围不大时，忽略反应热随温度的变化，按平衡常数与温度的关系式，可得：

$$\ln K_p^{\ominus} = \frac{-\Delta_r H_m^{\ominus}}{RT} + C \tag{4}$$

式中，$\Delta_r H_m^{\ominus}$ 为该反应的标准摩尔焓变（J/mol）；R 为摩尔气体常数；C 为积分常数。

由式(3) 可见，只要测出几个不同温度下的平衡总压，就可求得各温度下反应的标准平衡常数。根据式(4)，以 $\ln K_p^{\ominus}$ 对 $1/T$ 作图，由所得直线的斜率即可求得实验温度范围内的 $\Delta_r H_m^{\ominus}$。

利用 $\Delta_r G_m^{\ominus} = -RT\ln K_p^{\ominus}$ 和 $\Delta_r G_m^{\ominus} = \Delta_r H_m^{\ominus} - T\Delta_r S_m^{\ominus}$ 可计算该反应在某温度下的标准摩尔吉布斯自由能变化值 $\Delta_r G_m^{\ominus}$ 和标准摩尔熵变 $\Delta_r S_m^{\ominus}$。

本实验用静态法（参见液体饱和蒸气压测定实验）测定氨基甲酸铵的分解压力。用数字压力计测得样品管内压力与外压的差值，再利用大气压数值计算平衡压力。

三、仪器与试剂

固体分解压力测定装置一套（参见实验 4 纯液体的饱和蒸气压的测定）。

氨基甲酸铵（固体粉末）；液体石蜡。

四、实验步骤

实验步骤同纯液体的饱和蒸气压的测定步骤类似。

1. 将待测样品装入干燥的样品管（图 1）中，约占 a 球 1/3 体积。b 和 c 球装入适量的液体石蜡。读取大气压。

2. 系统气密性检查。关闭活塞，旋转三通活塞使系统与真空泵连通，开动真空泵，抽气减压至压力计读数为 −50kPa 左右时，关闭活塞，使系统与真空泵、大气皆不通。观察压力计数字变化，如在 10min 内变化不超过 0.1kPa 即可。否则应设法消除漏气原因。密闭系统不能漏气，否则抽气时达不到本实验要求的真空度。

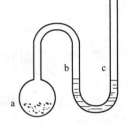

图 1　样品管示意图

3. 排除 a 球上方封闭空间内的空气。该空间内气体包括两部分：一部分是生成的气体；另一部分是空气。测定时，必须将其中的空气排除后，才能保证 a 球上方的气体为反应生成的气体。通常抽气 5min 左右就可以达到目的。关闭缓冲瓶与真空泵联通的活塞注意样品管必须放置于恒温水浴中的水面以下，否则其温度与水浴温度不同。

4. 分解压的测定。当空气被排除干净，且体系温度恒定后，打开缓冲瓶中通大气的活塞，缓缓放入空气（切不可太快，以免空气倒灌入 a 球上方的空间，如果发生空气倒灌，则须重新排除空气），直至 b 管、c 管中液面平齐，关闭活塞，当 b、c 管液面平齐且变化缓慢时，记录温度与数字压力计读数（如果放入空气过多，c 管中液面低于 b 管的液面，须通过抽气或者升高温度，再调石蜡液面平齐）。依次升高 2～3℃，测定 5～8 组温度、压力数值。

5. 切断电源，洗净样品管。

五、数据处理

1. 列表计算不同温度下分解压力和标准平衡常数 $K_p^{\ominus}$。

2. 以 $\ln K^{\ominus}$ 对 $1/T$ 作图，由斜率求 $\Delta_r H_m^{\ominus}$。

3. 求该反应在 298.2K 时的 $\Delta_r G_m^{\ominus}$，和 $\Delta_r S_m^{\ominus}$。

六、思考题

1. 在一定温度下，氨基甲酸铵的用量多少对分解压力有何影响？

2. 大气压计读数是否需要进行校正？若不进行此项校正对实验结果会有什么影响？

实验 18　溶液偏摩尔体积的测定

一、实验目的

1. 理解偏摩尔量的物理意义。

2. 掌握用比重瓶测定溶液密度的方法。

3. 测定指定组成的乙醇水溶液中各组分的偏摩尔体积。

二、实验原理

在多组分体系中，在等温、等压条件下，保持除 B 以外的其余组分数量不变，系统的广度性质 X 随组分 B 的物质的量的变化率称为容量性质 X 的偏摩尔量，用公式表示为：

$$X_B = \left(\frac{\partial X}{\partial n_B}\right)_{T,p,n_{C \neq B}} \tag{1}$$

对二组分体系的容量性质 V，则有组分 A 和 B 的偏摩尔体积分别为：

$$V_A = \left(\frac{\partial V}{\partial n_A}\right)_{T,p,n_B}, \quad V_B = \left(\frac{\partial V}{\partial n_B}\right)_{T,p,n_A} \tag{2}$$

溶液的体系总体积：

$$V = n_A V_A + n_B V_B \tag{3}$$

将式（3）两边同除以溶液质量 W 并整理得：

$$\frac{V}{W} = \frac{W_A}{W} \times \frac{V_A}{M_A} + \frac{W_B}{W} \times \frac{V_B}{M_B} \tag{4}$$

质量分数 $\omega_A = \frac{W_A}{W}$，$\omega_B = \frac{W_B}{W}$。比容（单位质量的物质所具有的体积）$\alpha = \frac{V}{W}$。令：

$$\frac{V_A}{M_A} = \alpha_A \quad \frac{V_B}{M_B} = \alpha_B \tag{5}$$

代入式（4），得：

$$\alpha = \omega_A \alpha_A + \omega_B \alpha_B \tag{6}$$

对二组分系统 $\omega_A = 1 - \omega_B$，整理上式得：

$$\alpha = \alpha_A + \omega_B(\alpha_B - \alpha_A) \tag{7}$$

将式（7）对 ω_B 微分并整理得：

$$\alpha_B = \alpha_A + \frac{\partial \alpha}{\partial \omega_B} \tag{8}$$

将式（8）代回式（7）得

$$\alpha_A = \alpha - \omega_B \frac{\partial \alpha}{\partial \omega_B}, \quad \alpha_B = \alpha + \omega_A \frac{\partial \alpha}{\partial \omega_B} \tag{9}$$

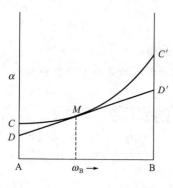

图 1 α-ω_B 的关系

所以，实验求出不同浓度溶液的比容 α，作 α-ω_B 关系图，得曲线 CC'（见图 1）。如欲求浓度为 M 溶液中各组分的偏摩尔体积，可在 M 点作切线，与纵轴的交点 D 和 D' 分别为 α_A 和 α_B，再由关系式（5）就可求出 V_A 和 V_B。

可以采取镜像法做切线：先将有一直角边的镜子放在 M 点，并以 M 点为中心旋转，直至曲线在镜中的图像与图上的曲线呈光滑连接为止，然后沿镜面做一直线，此线可认为是曲线在该点的法线，再通过 M 点做法线的垂线，即为曲线在 M 点的切线。

三、仪器与试剂

恒温槽 1 台；电子天平 1 台；比重瓶（图 2，10mL）个；台秤；磨口锥形瓶（50mL）4 个。

无水乙醇（分析纯）

四、实验步骤

1. 配制溶液。在 50mL 磨口锥形瓶中精确配制约 40mL 乙醇质量百分数为 20％，40％，60％，80％的乙醇水溶液。

2. 调节恒温槽温度为（25.0℃或 30.0℃）。

图 2　比重瓶

3. 密度的测定。用分析天平精确称量预先洗净烘干的比重瓶，然后分别盛满纯水（注意不得存留气泡）置于恒温槽中，注意使水面浸没瓶颈。恒温 10min 后，用滤纸迅速吸去塞 B 毛细管口上溢出的液体。将比重瓶从恒温槽中取出（注意只可用手拿瓶颈处），用吸水纸擦干瓶外壁后称量 W_1。

依次测定比重瓶装满各浓度乙醇-水溶液后的质量。测定时用待测液洗净比重瓶后，注满待测液，放入恒温槽中，重复上述步骤，称量。

五、数据处理

1. 根据实验温度时水的密度和称量结果，求出比重瓶的容积。
2. 计算实验条件下各溶液的比容。
3. 以比容为纵轴、乙醇的质量百分浓度为横轴作曲线
4. 在乙醇质量百分数为 30％处作切线与两侧纵轴相交，即可求得 α_A 和 α_B。
5. 求算含乙醇 30％的溶液中各组分的偏摩尔体积及 100g 该溶液的总体积。

六、思考题

1. 使用比重瓶应注意哪些问题？
2. 不同浓度的溶液，某组分的偏摩尔体积是否相同？

第2章 动 力 学

实验 19 溶液中化学反应速率常数的测定

一、实验目的

1. 学习测定反应级数、反应速率常数、活化能及指前因子的实验方法。
2. 了解碘钟法及其特点。
3. 了解影响溶液中离子反应速率的各种因素。

二、实验原理

对溶液中的如下反应：

$$S_2O_8^{2-} + 2I^- \longrightarrow I_2 + 2SO_4^{2-} \tag{1}$$

假设其速率方程具有如下形式

$$-\frac{d[S_2O_8^{2-}]}{dt} = k[S_2O_8^{2-}]^p[I^-]^q \tag{2}$$

此反应可用碘钟法进行动力学研究。碘钟法的原理如下：

硫代硫酸根离子和碘分子有下列反应：

$$2S_2O_3^{2-} + I_2 \longrightarrow 2I^- + S_4O_6^{2-} \tag{3}$$

在相同条件下，此反应的速率比反应（1）要大得多。因而，当溶液中共存 $S_2O_8^{2-}$、I^-、$S_2O_3^{2-}$ 和淀粉时，$S_2O_8^{2-}$ 和 I^- 生成的 I_2 立即会与 $S_2O_3^{2-}$ 反应变回为 I^-，直到体系中 $S_2O_3^{2-}$ 消耗殆尽，生成的 I_2 才能使淀粉显蓝色。体系从开始反应到出现蓝色所经历的时间，指示出 $S_2O_3^{2-}$ 消耗完毕的时间。由于反应（1）比（3）慢得多，所以这一时间实际上由慢反应（1）的速率所控制，它与（1）反应的速率有关。蓝色的显现，犹如用时钟给反应计时，"碘钟"的含义即在于此。

设 $S_2O_8^{2-}$、I^- 和 $S_2O_3^{2-}$ 的初始浓度分别为 a、b、c。反应进行 t 时刻后，消耗掉 $S_2O_8^{2-}$ 的浓度为 x。t 时刻各反应物的浓度为：

$[S_2O_8^{2-}] = a - x$

$[S_2O_3^{2-}] = c - 2x$（$S_2O_3^{2-}$ 已消耗完时 $c - 2x = 0$；当 $S_2O_3^{2-}$ 未消耗完则 $c - 2x > 0$）

$[I^-] = b$（当 $S_2O_3^{2-}$ 未消耗完即 $[S_2O_3^{2-}] > 0$ 时）

$[I^-] = b + (c - 2x)$（当 $S_2O_3^{2-}$ 已消耗完即 $[S_2O_3^{2-}] = 0$ 时）

把上述关系代入式(2)，得：

当 $[S_2O_3^{2-}] > 0$ 时

$$-\frac{d[S_2O_8^{2-}]}{dt} = -\frac{d(a-x)}{dt} = k(a-x)^p b^q$$

$$\frac{dx}{dt} = k(a-x)^p b^q$$

当 $[S_2O_3^{2-}] = 0$ 时

$$-\frac{d[S_2O_8^{2-}]}{dt} = -\frac{d(a-x)}{dt} = k(a-x)^p (b-2x+c)^q$$

设反应从开始到体系显蓝色所经历的时间为 t^*。显然，t^* 为 $S_2O_3^{2-}$ 刚消耗完毕时的反应时间，此时应有：

$$[S_2O_3^{2-}] = c - 2x = 0$$

$$x = c/2$$

若使反应在 $a \gg c$ 和 $b \gg c$ 的条件下进行，体系刚显蓝色时的 x 比 a 和 b 均小得多。反应速率方程可近似地表示为：

$$\frac{dx}{dt} \approx ka^p b^q$$

且反应的瞬时速率可近似地以平均速率表示，即：

$$\frac{dx}{dt} = \frac{x}{t^*} = \frac{c}{2t^*} \tag{4}$$

$$\frac{c}{2t^*} = ka^p b^q \tag{5}$$

在已知反应物初始浓度 a、b、c 的情况下，由实验测出 t^*，用式（4）可求 dx/dt。进行两组溶液的反应，第一组初始浓度为 a、b、c，第二组为 ua、b、c，在其他条件均相同的情况下测定两组反应体系显蓝色的时间 t_1^* 和 t_2^*。应用式（5）得：

$$\frac{c}{2t_1^*} = ka^p b^q$$

$$\frac{c}{2t_2^*} = k(ua)^p b^q$$

两式相除得：

$$u^p = \frac{t_1^*}{t_2^*}$$

由此可求对 $S_2O_8^{2-}$ 的反应级数 p。用类似的方法可求对 I^- 的级数 q。当反应级数 p、q 确定后，则可根据式（5）算出 k。反应的速率常数与温度有关。当其他因素固定时，温度对速率常数的影响服从阿累尼乌斯经验式：

$$\ln k = -\frac{E_a}{RT} + \ln A \tag{6}$$

其中 k 为反应速率常数，E_a 为表观活化能（J/mol），T 为反应温度（K），R 为普适气体常数，A 为指前因子。测定不同温度下的反应速率常数，以 $\ln k$-$\frac{1}{T}$ 作图为一直线，由直线斜率和截距可求 E_a 和 A。

对溶液中的反应，速率常数的影响因素很多。离子强度也是影响因素之一，离子强度定义为：

$$I = \frac{1}{2} \sum_i m_i Z_i^2 \tag{7}$$

式中 I 为溶液的离子强度（mol/kg），m_i 为 i 离子的质量摩尔浓度（mol/kg），Z_i 为 i 离子的电荷数。溶液的离子强度是溶液中所有离子的贡献总和。对稀溶液中的反应 $A^{Z_A} + B^{Z_B} \rightarrow P$，离子强度对反应速率的影响规律符合下式：

$$\ln k = \ln k_0 + 2Z_A Z_B A' \sqrt{I} \tag{8}$$

其中 k 为离子强度为 I 时的反应速率常数，k_0 为 $I = 0$ 时的反应速率常数，Z_A、Z_B 分别为 A 和 B 的价数，A' 为经验常数。因此，只要测定出一系列不同离子强度 I 时的反应速率常数 k，以 $\ln k$-$\sqrt{I}$ 作图，由直线的斜率可求得 A'，由截距可求得 k_0。

三、仪器与试剂

普通恒温槽一台；秒表；移液管（2mL，5mL，10mL）；反应瓶；烧杯（100mL）。

KI(分析纯)；$Na_2S_2O_3$(分析纯)；KNO_3(分析纯)；$(NH_4)_2S_2O_8$(分析纯)；HCl(分析纯)；可溶性淀粉。

四、实验步骤

1. 用称量法配置 $0.0100mol \cdot L^{-1}$ 的 $(NH_4)_2S_2O_8$，$0.1000mol \cdot L^{-1}$ 的 KI，$0.4000mol \cdot L^{-1}$ 的 KNO_3，按定量分析的要求配 $0.0010mol \cdot L^{-1}$ 的 $Na_2S_2O_3$，并精确标定其浓度。配制 0.2% 淀粉溶液，方法为：取 $0.2g$ 可溶性淀粉，加入少许蒸馏水调成糊状，将此糊状物倾入 $100mL$ 沸水中搅拌煮沸 $2min$ 冷却后待用。因淀粉易变质，需当天配制，当天使用。

2. 在 25℃ 下测定 t^*。

表 1　实验中各溶液的体积

组号	KI/mL	$Na_2S_2O_3$/mL	KNO_3/mL	$(NH_4)_2S_2O_8$/mL	淀粉/mL	蒸馏水/mL
1	2.00	2.00	4.00	2.00	2.00	6.00
2	2.00	2.00	4.00	6.00	2.00	2.00
3	4.00	2.00	4.00	2.00	2.00	4.00
4	4.00	2.00	3.00	2.00	2.00	5.00
5	4.00	2.00	2.00	2.00	2.00	6.00
6	4.00	2.00	1.00	2.00	2.00	7.00
7	4.00	2.00	0.00	2.00	2.00	8.00

按表 1 中所列用量进行反应，用恒温槽控制反应温度。加惰性电解质 KNO_3 的目的是控制反应体系的离子强度。在进行每一组反应时，先把 KI、$Na_2S_2O_3$、KNO_3、淀粉以及蒸馏水按指定的数量混合均匀，在恒温槽中恒温至温度恒定，然后再加入恒温到反应温度所需要的 $(NH_4)_2S_2O_8$ 溶液，当 $(NH_4)_2S_2O_8$ 溶液加入到一半时开始计时。全部反应液要混合均匀。测出反应开始到反应体系刚呈蓝色所需的时间 t^*。

利用 1、2、3 组溶液确定反应级数；利用 3、4、5、6、7 组溶液研究离子强度对反应速率常数的影响。

3. 活化能的测定。选择第 2 组中的用量，在 30℃，35℃，40℃，45℃ 下重复测定该反

应的 t^* 。

五、数据处理

1. 确定反应级数 p , q 和速率常数 k

根据 1～3 组反应的 t^* 及各反应物的初始浓度进行计算。见表 2。

表 2　反应级数和速率常数测定结果　　　　　（反应温度：　　）

组号	$c_0(KI)/mol \cdot L^{-1}$	$c_0((NH_4)_2S_2O_8)/mol \cdot L^{-1}$	t^*/min	$k/L \cdot mol^{-1} \cdot s^{-1}$	p	q
1						
2						
3						

2. 离子强度的影响

（1）计算每组反应液的 k 及离子强度 I。见表 3。

表 3　第 3～7 组实验中的离子强度及速率常数

组号	$I/mol \cdot kg^{-1}$	$\sqrt{I}/mol \cdot kg^{-1}$	$k/L \cdot mol^{-1} \cdot s^{-1}$
3			
4			
5			
6			
7			

（2）作 $\ln k$-$\sqrt{I}$ 图。由直线的斜率可求得 A'，由截距可求得 k_0，从而得到该反应的速率常数与离子强度之间的关系式。

3. 反应活化能的计算

（1）根据第 2 组实验在各温度下的 t^*，计算出速率常数。计算结果列入表 4。

表 4　各温度下反应的速率常数

$T/℃$	T/K	$1/T/K^{-1}$	t^*/min	$k/L \cdot mol^{-1} \cdot min^{-1}$	$\ln[k/(L \cdot mol^{-1} \cdot min^{-1})]$

（2）作 $\ln[k/(L \cdot mol^{-1} \cdot min^{-1})]$-$\dfrac{1}{T}$ 图。由直线斜率可求得 E_a。

六、思考题

1. 碘钟法在什么条件下使用？

2. 实验测得的反应级数与反应方程式的计量系数是否相同？能否推断本反应是简单级数反应还是复杂级数反应？

实验 20　过氧化氢分解速率常数的测定

一、实验目的

1. 测定过氧化氢分解反应的速率常数。
2. 掌握一级反应的特点。

二、实验原理

过氧化氢在没有催化剂存在时，分解反应很慢，加入催化剂（如 KI、MnO_2、$FeCl_3$ 等）后，能促使其很快分解。过氧化氢在 KI 作用下的催化分解按下列步骤进行：

$$H_2O_2 + KI \longrightarrow KIO + H_2O（慢）$$

$$KIO \longrightarrow KI + \frac{1}{2}O_2（快）$$

总反应为：

$$H_2O_2 \longrightarrow H_2O + \frac{1}{2}O_2$$

整个反应的速率取决于第一步，因此可假定其速率方程为：

$$-\frac{dc_{H_2O_2}}{dt} = k_1 c_{KI} c_{H_2O_2} \tag{1}$$

因为反应过程中 KI 不断再生，故其浓度保持不变。上式可写成：

$$-\frac{dc_{H_2O_2}}{dt} = k c_{H_2O_2} \tag{2}$$

故 H_2O_2 分解为一级反应，将上式积分得：

$$\ln\frac{c_t}{c_0} = -kt \tag{3}$$

其中 c_0、c_t 分别为 H_2O_2 的初始浓度和反应进行到 t 时刻的浓度，k 为速率常数。

由反应方程式可知分解的 H_2O_2 浓度与分解产物 O_2 的体积成正比。令 V_∞ 代表 H_2O_2 全部分解放出氧气的体积，V_t 表示 H_2O_2 进行到 t 时刻分解放出的氧气体积，由于放出的氧气体积与分解了的 H_2O_2 的浓度成正比，则下述关系式成立：

$$c_0 = k'V_\infty；c_t = k'(V_\infty - V_t)$$

其中 k' 代表比例系数。

代入一级反应动力学方程式(3) 得：

$$\ln\frac{c_t}{c_0} = \ln\frac{k'(V_\infty - V_t)}{k'V_\infty} = -kt$$

即：

$$\ln(V_\infty - V_t) = -kt + \ln V_\infty \tag{4}$$

只要测定或计算出 V_∞，再测定出一系列的 t-V_t 数据，以 $\ln(V_\infty - V_t)$ 对 t 作图应为一直线，由直线的斜率可确定反应速率常数 k。

V_∞ 的求法如下：

（1）滴定法　在酸性溶液中以 $KMnO_4$ 标准溶液滴定 H_2O_2 溶液浓度。用移液管吸取 5mL 2% H_2O_2 溶液于 250mL 锥形瓶中，加入 10mL $3mol \cdot L^{-1}$ 的 H_2SO_4，用 $0.02mol \cdot L^{-1}$ 的 $KMnO_4$ 标准溶液滴定至浅红色为止。按照如下反应方程式计算 H_2O_2 溶液的浓度：

$$5H_2O_2 + 2MnO_4^- + 6H^+ \rightleftharpoons 2Mn^{2+} + 5O_2 + 8H_2O$$

浓度为 c $mol \cdot L^{-1}$ 的 H_2O_2 体积为 V mL 时产生氧气的体积为：

$$V_\infty = \frac{cV}{2} \times \frac{RT}{p} (mL)$$

式中，$p = p_e - p^*$（p_e 为大气压，p^* 为水的饱和蒸气压），近似为大气压；T 为实验温度。

（2）外推法　用 V-$1/t$ 图外推至 $1/t \rightarrow 0$ 时得到。

本实验用滴定管改装的量气管作氧气体积测定装置，反应在室温及磁力搅拌下进行。

三、仪器与试剂

实验装置一套；10mL 移液管 1 支；20mL 移液管 2 支。

0.5% H_2O_2，$0.10mol \cdot L^{-1}$ KI。

四、实验步骤

1. 用移液管取 15.00mL 的蒸馏水和 15.00mL 0.5% 的过氧化氢溶液加到反应瓶中。

2. 打开止水夹，将右管液面调到零刻度附近再关闭止水夹，连接反应瓶与量气装置。

3. 打开搅拌器，将搅速调至适当（实验过程中尽量不要变动搅速），并将秒表调零做好计时准备。

4. 用移液管取 10.00mL 浓度为 $0.10mol \cdot L^{-1}$ 的 KI 溶液加入反应瓶，同时开动秒表计时。

5. 打开止水夹，使右管液面低于左管 2~3mL，关闭止水夹。待左右两管液面相平时，记录左管刻度和对应的时间。

6. 再打开止水夹，使右管液面从两管相平处下降 2~3mL，关闭止水夹，待左右两管相平时，记录左管刻度和对应的时间。

7. 重复步骤 6，反应 2h 结束。

8. 关闭搅拌器，记下室温和对应的大气压。

9. 清洗整理仪器。

五、数据处理

温度：　　　℃；大气压：　　　Pa。

1. 取体积 V 较大的几组数据做 V_t-$1/t$ 图。将直线外推到 $1/t \rightarrow 0$，得到 V_∞。

V_t/mL	
t/min	
$(1/t)$/min^{-1}	

2. 作 $\ln[(V_\infty - V_t)/mL]$-t 图，由直线的斜率求得反应速率常数 k，并注明反应条件。

t/min	
V_t/mL	
$(V_\infty - V_t)/mL$	
$\ln[(V_\infty - V_t)/mL]$	

六、思考题

1. 反应速率常数与哪些因素有关?
2. 开始实验时,是否需要将量气管的液位调到"0"刻线?

实验 21 蔗糖转化反应速率常数的测定

一、实验目的

1. 了解蔗糖转化反应体系中各物质浓度与旋光度之间的关系。
2. 测定蔗糖转化反应的速率常数和半衰期。
3. 了解旋光仪的用途及使用方法。

二、实验原理

蔗糖转化反应为:
$$C_{12}H_{22}O_{11}(蔗糖) + H_2O \longrightarrow C_6H_{12}O_6(葡萄糖) + C_6H_{12}O_6(果糖)$$

为使水解反应加速,常以酸为催化剂,故反应在酸性介质中进行。由于反应中水是大量的,可以认为整个反应中水的浓度基本是恒定的。H^+是催化剂,其浓度是固定的。所以此反应可视为假一级反应,满足一级反应动力学方程积分式:

$$\ln c = -kt + \ln c_0 \tag{1}$$

式中,k 为反应速率常数;c 为时间 t 时的蔗糖浓度;c_0 为蔗糖的初始浓度。当 $c = 1/2c_0$ 时,t 可用 $t_{1/2}$ 表示,即为反应的半衰期。由式(1)可得:

$$t_{1/2} = \ln\frac{2}{k} = \frac{0.693}{k} \tag{2}$$

溶液的旋光度与溶液中所含旋光物质的种类、浓度、溶剂的性质、液层厚度、光源波长及温度等因素有关。为了比较各种物质的旋光能力,引入比旋光度的概念。比旋光度可用下式表示:

$$[\alpha]_D^T = \frac{\alpha \times 100}{lc} \tag{3}$$

式中,$[\alpha]$ 为 T℃、Na 光源 D 线时的比旋光度;α 为旋光度;l 为液层厚度,dm;c 为浓度,g/100mL。当其他条件不变时,旋光度 α 与浓度 c 成正比:$\alpha = k'c$,式中的 k' 是与物质旋光能力、液层厚度、溶剂性质、光源波长、温度等因素有关的常数。

在蔗糖的水解反应中,反应物蔗糖是右旋性物质,产物中葡萄糖也是右旋性物质,产物中的果糖则是左旋性物质。它们的旋光能力不同,三者在 20℃(钠 D 线光源)的比旋光度分别为 66.6°、52.5°、−91.9°;故可以利用体系在反应过程中旋光度的变化来衡量反应的进程。因此，随着水解反应的进行，右旋角不断减小，最后经过零点变成左旋，直至蔗糖转化趋于完全，左旋角达到最大。旋光度可以用旋光仪来测量。

当反应时间为 0、t 和 ∞ 时，蔗糖的浓度分别为 c_0、c 和 0，果糖和葡萄糖的浓度为 0、$c-c_0$ 和 c_0。若反应时间为 0，t，∞ 时溶液的旋光度分别用 α_0，α_t，α_∞ 表示，由于旋光度与浓度成正比，并且溶液的旋光度为各组成的旋光度之和，则：

$$\alpha_t = k_1 c + k_2(c_0 - c) + k_3(c_0 - c) = k_1 c + (k_2 + k_3)(c_0 - c)，令 k_4 = k_2 + k_3，得到：$$

$$\alpha_t = k_1 c + k_4(c_0 - c) \tag{4}$$

$$\alpha_0 = k_1 c_0，\quad \alpha_\infty = k_4 c_0 \tag{5}$$

其中 k_1、k_2、k_3 和 k_4 分别为比例常数。由上面三式联立可以解得：

$$c_0 = \frac{\alpha_0 - \alpha_\infty}{k_1 - k_4}；\quad c = \frac{\alpha_t - \alpha_\infty}{k_1 - k_4} \tag{6}$$

将式(6)代入式(1)（即一级反应动力学方程的积分式），整理得到：

$$\ln(\alpha_t - \alpha_\infty) = -kt + \ln(\alpha_0 - \alpha_\infty) \tag{7}$$

可见，测定出一系列的 α_t-t 数据，再测出 α_∞，以 $\ln(\alpha_t - \alpha_\infty)$ 对 t 作图为一直线，由该直线的斜率即可求得反应速率常数 k，进而可求得反应的半衰期 $t_{1/2}$。

三、仪器与试剂

P850 型全自动旋光仪 1 台；旋光管 1 只；恒温槽 1 套；台秤 1 台；秒表 1 块；烧杯（250mL）1 个；移液管（20mL）2 支；带塞锥形瓶（100mL）1 只。

HCl 溶液（$4.0\,\text{mol} \cdot \text{L}^{-1}$）；蔗糖（分析纯）。

四、实验步骤

1. 设置仪器参数。打开旋光仪电源开关。按"模式"键，选择"旋光度"，按"确定"。按"参数"键，"测量次数"，设置为"1"；"试管长度"设置为"200mm"。

2. 旋光仪零点的校正：用蒸馏水洗净旋光管，向管内注入蒸馏水，使管内无气泡存在，塞紧橡胶塞，擦净旋光管，放入旋光仪中。盖上样品室盖，按"清零"键。倒掉蒸馏水。

3. 蔗糖水解过程中 α_t 的测定。用台秤称取 20g 蔗糖，放入 250mL 烧杯中，加入100mL 蒸馏水配成溶液（若溶液浑浊则需过滤）。用移液管取 20mL 蔗糖溶液置于 100mL带塞三角瓶中。再移取 20mL $4.0\,\text{mol} \cdot \text{L}^{-1}$ 的 HCl 溶液于同一锥形瓶中，当加入 HCl 溶液一半时开始计时，加完后摇动使之充分混合。酌情洗涤旋光管 3 次，然后将混合液装满旋光管，擦干后置于旋光仪中，盖上样品室盖。通过按"复测"键，测量不同时间 t 时溶液的旋光度 α_t（注意：测定过程中不能按"清零"键，且秒表是连续计时）。记录约 15 组数据，并读取仪器上显示的温度作为实验温度。

4. α_∞ 的测定。将旋光管中的溶液与步骤 3 剩余的溶液合并，把锥形瓶置于近 60℃水浴中，恒温 30min 以加速反应至完成。冷却至实验温度，按上述操作，根据反应体系的量洗涤旋光管 3 次，测定其旋光度，此值即可认为是 α_∞。

5. 清洗旋光管和锥形瓶，关闭旋光仪。

五、数据处理

1. 将实验数据整理后列于表 1 中。

表 1　不同时刻系统的旋光度

t/min	
$\alpha/(°)$	

2. 作 α-t 图（作成平滑曲线）。

3. 从 α-t 曲线上取 6～8 个点，填入表 2 并计算。

表 2　取点计算结果（$\alpha_\infty=$　　）

t/min	
$\alpha/(°)$	
$\alpha-\alpha_\infty/(°)$	
$\ln[(\alpha-\alpha_\infty)/°]$	

4. 作 $\ln[(\alpha-\alpha_\infty)/°]$-$t$ 图。

由直线的斜率计算反应速率常数和半衰期。注明反应条件。

六、思考题

1. 为什么可以用蒸馏水来校正旋光仪的零点？

2. 蔗糖溶液为什么可粗略配制？

3. 蔗糖的转化速度与哪些因素有关？

实验 22　乙酸乙酯皂化反应速率常数的测定

一、实验目的

1. 掌握电导法测定反应速率常数的原理和方法。

2. 用图解法验证二级反应的特点。

3. 掌握电导率仪的使用方法。

二、实验原理

乙酸乙酯皂化反应是一个典型的二级反应：

$$CH_3COOC_2H_5+OH^- \longrightarrow CH_3COO^-+C_2H_5OH$$

$$\begin{array}{cccc} a & b & 0 & 0 \\ a-x & b-x & x & x \\ 0 & 0 & a & a \end{array}$$

其反应速率方程为：

$$\frac{\mathrm{d}x}{\mathrm{d}t}=k(a-x)(b-x) \tag{1}$$

式中，a、b 分别表示两反应物的初始浓度；x 表示经过时间 t 后消耗的反应物浓度；k 表示反应速率常数。为了数据处理方便，设计实验使两种反应物的起始浓度相同，即 $a=b$，此时式(1) 可以写成：

$$\frac{\mathrm{d}x}{\mathrm{d}t} = k(a-x)^2 \tag{2}$$

积分得：

$$k = \frac{1}{ta}\frac{x}{(a-x)} \tag{3}$$

由式(3) 可知，当初始浓度 a 已知时，只要测得 t 时刻某一组分的浓度就可求得反应速率常数。测定该反应体系组分浓度的方法很多，例如，可用标准酸滴定测出反应进行到不同时刻 OH^- 的浓度。本实验使用电导率仪测量皂化反应进程中体系电导随时间的变化，从而达到跟踪反应物浓度随时间变化的目的。随着乙酸乙酯皂化反应的进行，溶液中导电能力强的 OH^- 逐渐被导电能力弱的 CH_3COO^- 取代，Na^+ 浓度不发生变化，而 $CH_3COOC_2H_5$ 和 C_2H_5OH 不具有明显的导电性，所以溶液的电导逐渐减小，故可以通过反应体系电导的变化来度量反应的进程。

令 κ_0、κ_t 和 κ_∞ 分别表示在反应时间分别为 0、t 和 ∞ 时体系的电导率。稀溶液中，强电解质的电导率和其浓度成正比，且溶液的电导率等于各电解质电导率之和。显然 κ_0 是浓度为 a 的 NaOH 溶液的电导率，κ_∞ 是浓度为 a 的 CH_3COONa 溶液的电导率，κ_t 是浓度为 $(a-x)$ 的 NaOH 溶液与浓度为 x 的 CH_3COONa 溶液的电导率之和。由此得到：

$\kappa_t = K_1(a-x) + K_2x + K_3x$，令 $K_4 = K_2 + K_3$，得到：

$$\kappa_t = K_1(a-x) + K_4x \tag{4}$$

$$\kappa_0 = K_1a \qquad \kappa_\infty = K_4a \tag{5}$$

其中 $K_1 \sim K_4$ 皆为比例常数。把式(5) 代入式(4) 得到：

$$\kappa_t = \kappa_0\frac{a-x}{a} + \kappa_\infty\frac{x}{a} \tag{6}$$

由此可得：

$$x = a\frac{\kappa_0 - \kappa_t}{\kappa_0 - \kappa_\infty} \tag{7}$$

将式(7) 代入式(3)，得：

$$\frac{\kappa_0 - \kappa_t}{\kappa_t - \kappa_\infty} = akt \tag{8}$$

或
$$\kappa_t = \frac{1}{ak} \cdot \frac{\kappa_0 - \kappa_t}{t} + \kappa_\infty \tag{9}$$

由式(8) 和式(9) 可以看出，测定出体系的 κ_0、κ_∞ 及在不同时刻 t 时的电导率 κ_t，以 $\frac{\kappa_0 - \kappa_t}{\kappa_t - \kappa_\infty}$ 对 t 作图，或以 κ_t 对 $\frac{\kappa_0 - \kappa_t}{t}$ 作图，可得直线，由直线斜率可求得速率常数 k。

如果测定两个温度下的速率常数，利用 Arrhenius 经验式的定积分式可求得反应的活化能 E_a：

$$\ln\frac{k_2}{k_1} = \frac{E_a}{R}\left(\frac{1}{T_1} - \frac{1}{T_2}\right) \tag{10}$$

式中，k_1、k_2 分别为 T_1、T_2 温度下的反应速率常数；E_a 为表观活化能 (J/mol)；T 为反应温度 (K)；R 为普适气体常数。

如果测定多个温度下的速率常数，可根据用 Arrhenius 经验式的不定积分式：

$$\ln k = -\frac{E_a}{R}\frac{1}{T} + B \tag{11}$$

其中 k 为温度 T 时的反应速率常数，B 为一常数。以 $\ln k$ 对 $\dfrac{1}{T}$ 作图，通过直线的斜率求得反应的活化能 E_a。

三、仪器与试剂

恒温水浴 1 套；DDS-12DW 型电导率仪 1 套；秒表 1 块；移液管（20mL）2 支；皂化池 3 个；微量注射器（50μL）1 支。

$CH_3COOC_2H_5$（分析纯）；0.0100mol·L^{-1} NaOH 标准溶液；0.0100mol·L^{-1} NaAc 溶液。

四、实验步骤

1. 电导率仪参数设置。设置 CAL、CEL 和 COE 等参数。

2. 调整恒温槽温度为 25.0℃。

3. κ_0 的测定。取 0.0100mol·L^{-1} NaOH 溶液 40mL 放入干净的皂化池中，将电极插入塞好，置于恒温水浴槽中，恒温 15min 左右测定其电导率，直至稳定不变时为止，即为 25℃时的 κ_0。

4. κ_t 的测定。取 39.6μL$CH_3COOC_2H_5$ 溶液快速注入含有氢氧化钠的皂化池中，同时开动秒表计时。迅速摇动使两种溶液混合。测定反应时间为 2min，4min，6min，8min，10min，15min，20min，25min，30min，40min 时体系的电导率 κ_t。

5. κ_∞ 的测定。取 0.0100mol·L^{-1} NaAc 40mL 置于恒温槽中，恒温 15min。取出电导电极，用蒸馏水洗涤，滤纸吸干，放入放有醋酸钠的皂化管中，恒温 10min，测 κ_∞。

6. 调节恒温槽温度在 35.0℃，重复上述步骤测定其 κ_0、κ_∞ 和 κ_t。

7. 实验结束后，将电极洗净，置于电极架上。

五、数据处理

1. 将实验数据记录于表 1 并进行计算。

表 1　皂化反应实验数据

	25℃			35℃	
t/min	κ_t/(μS/cm)	$(\kappa_0-\kappa_t)/(\kappa_t-\kappa_\infty)$	t/min	κ_t/(μS/cm)	$(\kappa_0-\kappa_t)/(\kappa_t-\kappa_\infty)$
0		—	0		—
∞		—	∞		—

2. 以 $\dfrac{\kappa_0-\kappa_t}{\kappa_t-\kappa_\infty}$ 对 t 作图，由直线斜率求速率常数。

3. 计算反应活化能。

六、思考题

1. 反应进程中溶液的电导为什么发生变化？

2. 为什么 L_0 可以认为是 0.01mol·L^{-1} NaOH 溶液的电导？

3. 本实验为何采用稀溶液，浓溶液可否？

实验 23　丙酮碘化反应速率常数的测定

一、实验目的

1. 学习用孤立法测定反应级数的方法
2. 加深对复杂反应特点的理解。
3. 测定丙酮碘化反应的速率常数和活化能。

二、实验原理

只有少数化学反应是由一个基元反应组成的简单反应，大多数的化学反应并不是简单反应，而是由若干个基元反应组成的复合反应。大多数复合反应的反应速率与反应浓度间的关系，不能用质量作用定律表示。因此用实验测定反应速率与反应物或产物浓度的关系，即测定反应对各组分的分级数，从而得到复合反应的速率方程，乃是研究反应动力学的重要内容。对于复合反应，当知道反应速率方程的形式后，就可以对反应机理进行某些推测。如该反应究竟有哪些步骤，各个步骤的特征和相互关系如何等。

实验测定表明，在一段时间内随着反应的进行反应速率增加的实验现象，启示反应中可能存在自催化现象，用在反应体系中分别加入某种产物，观察是否增加反应速率的方法，可以确定反应的产物是否起自催化作用。酸性溶液中，丙酮碘化反应是一个复合反应，其反应式为：

$$CH_3COCH_3 + I_2 \longrightarrow CH_3COCH_2I + H^+ + I^- \tag{1}$$

实验表明，反应速率几乎与卤素离子的种类和浓度无关。由于 H^+ 是自催化剂又是反应的产物，其反应速率方程为：

$$r = k[CH_3COCH_3]^a[I_2]^b[H^+]^c \tag{2}$$

式中，r 为反应速率；k 为速率常数；$[CH_3COCH_3]$、$[I_2]$、$[H^+]$ 分别为丙酮、碘、氢离子的浓度，$mol \cdot L^{-1}$；a、b、c 分别为反应对丙酮、碘、氢离子的反应级数。反应速率、速率常数及反应级数均可由实验测定。

I_2 和 I^- 在溶液中存在下列平衡：$I_2 + I^- \rightleftharpoons I_3^-$，为了加大 I_2 在水中的溶解度，通常在 I_2 水溶液中加入大量的 KI 使 I_2 变成 I_3^-，I_2 和 I_3^- 在可见光区均有吸收，且根据朗伯-比尔定律 $A = \varepsilon \cdot [I_2]_{初始} \cdot l$，$l$ 为光程（比色池的长度），ε 为摩尔吸光系数，为一常数。$[I_2]_{初始}$ 为反应体系中 $[I_2]$ 和 $[I_3^-]$ 的浓度的总和。所以，可以用分光光度法直接测定反应体系的吸光度，观察碘浓度的变化以跟踪反应进程。

丙酮碘化不仅可以生成一碘化丙酮，还可以产生多元碘化丙酮，为了控制反应在一元化阶段，可以使丙酮和酸的浓度大大过量于碘的浓度，且用初始速率来计算反应级数及速率常数。

为测定丙酮的反应级数 a，至少在同温度下需做两次实验，两次实验的碘和氢离子的初始浓度相同，而丙酮的初始浓度不同，即：

$$r_1 = k_1[CH_3COCH_3]_1^a[I_2]^b[H^+]^c \tag{3}$$

$$r_2 = k_2[CH_3COCH_3]_2^a[I_2]^b[H^+]^c \tag{4}$$

式(3)除以式(4)得:

$$\frac{r_1}{r_2} = \frac{k_1}{k_2} \left(\frac{[CH_3COCH_3]_1}{[CH_3COCH_3]_2} \right)^a \tag{5}$$

两边取自然对数得:

$$\ln\left(\frac{r_1}{r_2}\right) = \ln\left(\frac{k_1}{k_2}\right) + a\ln\left(\frac{[CH_3COCH_3]_1}{[CH_3COCH_3]_2}\right) \tag{6}$$

由式(6)即可求出丙酮的反应级数。

$$反应速率\ r = -\frac{d[I_2]}{dt} = -\frac{d(A/\varepsilon l)}{dt} = -\frac{1}{\varepsilon l}\frac{dA}{dt}$$

在保持碘和氢离子的初始浓度不变,温度不变,同一个波长下,同一个比色池进行丙酮的碘化反应,测定不同时间的吸光度,作 A-t 曲线,在 $t=0$ 处作曲线的斜率即可求出反应的初始速率。

同理,也可求出 b 和 c。于是反应级数即可确定,再根据反应的初始速率和各物质的初始浓度用速率方程可计算速率常数 k。

再利用 Arrhenius 经验式: $\ln\frac{k_2}{k_1} = \frac{E_a}{R}\frac{T_2-T_1}{T_1 T_2}$,可求出反应的表观活化能 E_a。

三、仪器与试剂

带比色池恒温槽的 721 型分光光度计;比色皿 2 个;超级恒温槽 1 套;50mL 容量瓶 1 个;25mL 锥形瓶 4 个;5mL 移液管 2 支;10mL 移液管 1 支;15mL 移液管 1 支;λ 管若干。

2.500mol·L^{-1} 丙酮标准溶液;0.0200mol·L^{-1} I$_3^-$ 标准溶液;1.000mol·L^{-1} 的盐酸标准溶液。

四、实验步骤

1. 调节恒温槽的温度为所需实验温度。
2. 熟悉 721 型分光光度计的使用方法,波长调至 565nm 处。
3. 用 0.02mol·L^{-1} 的 λ 管的一个支管中 I$_3^-$ 溶液稀释 5 倍后的溶液测定吸光度,求 $\varepsilon \cdot l$。
4. 将已知浓度的丙酮,H$^+$ 置于 λ 管的一个支管中,已知浓度的 I$_3^-$ 置于 λ 管的另一个支管中,盖好橡胶塞,在一实验温度下恒温 10~15min,取出迅速混合后,立即转移到比色皿中,跟踪吸光度 A 随时间 t 的变化情况。
5. 完成下表中的实验以求得反应级数及活化能。

组号	0.0200mol·L^{-1} I$_3^-$ V/mL	2.500mol·L^{-1} 丙酮 V/mL	1.000mol·L^{-1} HCl V/mL	蒸馏水 V/mL
1	4.00	4.00	4.00	13.00
2	4.00	2.00	4.00	15.00
3	4.00	4.00	2.00	15.00
4	6.00	4.00	4.00	11.00

五、数据处理

1. 设计表格，列出相应的测定及计算数据。
2. 计算 $\varepsilon \cdot l$ 值。
3. 由数据计算反应级数 a，b，c。
4. 求反应的速率常数及表观活化能。

六、思考题

1. 本实验中如果开始计时晚了，对结果有无影响？为什么？
2. 根据速率方程拟定本反应可能的反应机理。

实验 24 酶催化反应动力学参数的测定

一、实验目的

1. 用分光光度法测定蔗糖酶的米氏常数 K_M 和最大反应速率 r_m。
2. 了解底物浓度与酶反应速率之间的关系。
3. 掌握分光光度计的使用方法。

二、实验原理

酶是由生物体内产生的具有催化活性的蛋白质。它表现出特异的催化功能，因此叫生物催化剂。酶具有高效性和高度选择性，酶催化反应一般在常温、常压下进行。

酶是生物催化剂，具有两方面的特性，既有与一般催化剂相同的催化性质，又具有一般催化剂所没有的生物大分子的特征。酶与一般催化剂一样，只能催化热力学允许的化学反应，缩短达到化学平衡的时间，而不改变平衡点。酶作为催化剂在化学反应的前后没有质和量的改变。微量的酶就能发挥较大的催化作用。酶和一般催化剂的作用机理都是降低反应的活化能。因为酶是蛋白质，所以酶促反应又有其特点：

1. 高度的催化效率

一般而论，酶促反应速率比非催化反应高，例如，反应 $2H_2O_2 \longrightarrow 2H_2O + O_2$ 在无催化剂时，需活化能 $75.2kJ \cdot mol^{-1}$；胶体钯存在时，需活化能 $49kJ \cdot mol^{-1}$；有过氧化氢酶存在时，仅需活化能 $8.4kJ \cdot mol^{-1}$ 以下。

2. 高度的专一性

酶只作用于一类化合物或一定的化学键，以促进一定的化学变化，并生成一定的产物，这种现象称为酶的特异性或专一性。受酶催化的化合物称为该酶的底物或作用物。酶对底物的专一性通常分为以下几种。（1）绝对特异性。有的酶只作用于一种底物产生一定的反应，称为绝对专一性，如脲酶，只能催化尿素水解成 NH_3 和 CO_2，而不能催化甲基尿素水解。（2）相对特异性。一种酶可作用于一类化合物或一种化学键，这种不太严格的专一性称为相对专一性。如脂肪酶不仅水解脂肪，也能水解简单的酯类；磷酸酶对一般的磷酸酯都有作用，无论是甘油的还是一元醇或酚的磷酸酯均可被其水解。（3）立体异构特异性。酶对底物的立体构型的特异要求，称为立体异构专一性或特异性。如 α-淀粉酶只能水解淀粉中 α-1,4-

糖苷键，不能水解纤维素中的 β-1,4-糖苷键；L-乳酸脱氢酶的底物只能是 L 型乳酸，而不能是 D 型乳酸。酶的立体异构特异性表明，酶与底物的结合，至少存在三个结合点。

3. 酶活性的可调节性

酶是生物体的组成成分，与体内其他物质一样，不断在体内新陈代谢，酶的催化活性也受多方面的调控。例如，酶的生物合成的诱导和阻遏、酶的化学修饰、抑制物的调节作用、代谢物对酶的反馈调节、酶的别构调节以及神经体液因素的调节等，这些调控保证酶在体内新陈代谢中发挥其恰如其分的催化作用，使生命活动中的种种化学反应都能够有条不紊、协调一致地进行。

4. 酶活性的不稳定性

酶是蛋白质，酶促反应要求一定的 pH、温度等温和的条件，强酸、强碱、有机溶剂、重金属盐、高温、紫外线、剧烈震荡等任何使蛋白质变性的理化因素都可能使酶变性而失去其催化活性。

在酶催化反应中，底物浓度远远超过酶的浓度，在指定实验条件时，酶的浓度一定时，总的反应速率随底物浓度的增加而增大，直至底物过剩，此时底物的浓度不再影响反应速率，反应速率最大。

Michaelis 应用酶反应过程中形成中间络合物的学说，导出了米氏方程，给出了酶反应速率与底物浓度的关系：

$$r = \frac{r_m c_s}{K_M + c_s} \tag{1}$$

米氏常数 K_M 是反应速率达到最大值一半时的底物浓度。测定不同底物浓度时的酶反应速率，为了准确求得 K_M，用双倒数作图法，可由直线方程：

$$\frac{1}{r} = \frac{K_M}{r_m} \frac{1}{c_s} + \frac{1}{r_m} \tag{2}$$

以 $\frac{1}{r}$ 为纵坐标，$\frac{1}{c_s}$ 为横坐标，作图，所得直线的截距是 $\frac{1}{r_m}$，斜率是 $\frac{K_M}{r_m}$，从而可求得最大反应速率 r_m 和米氏常数 K_M。

本实验用的蔗糖酶是一种水解酶，它能使蔗糖水解成葡萄糖和果糖。该反应的速率可以用单位时间内葡萄糖浓度的增加来表示，葡萄糖与 3,5-二硝基水杨酸共热后被还原成棕红色的氨基化合物，在一定浓度范围内，葡萄糖的量和棕红色物质颜色深浅程度成一定比例关系，因此可以用分光光度计来测定反应在单位时间内生成葡萄糖的量，从而计算出反应速率。测量不同底物（蔗糖）浓度 c_s 的相应反应速率，就可用作图法计算出米氏常数 K_M 值。

三、仪器与试剂

高速离心机一台；分光光度计一台；恒温水浴一套；恒温箱 1 台；干燥器 1 台；锥形瓶（50mL）1 个；容量瓶（1000mL）3 个；容量瓶（50mL）9 个；移液管（1mL）10 支；移液管（2mL）4 支；试管（10mL）10 支。

3,5-二硝基水杨酸试剂（即 DNS）；0.10mol·L⁻¹ 乙酸缓冲溶液；4.00mol·L⁻¹ 乙酸溶液；蔗糖（分析纯）；乙酸钠（分析纯）；甲苯（分析纯）；葡萄糖（分析纯）；酵母。

四、实验步骤

1. 蔗糖酶的制取

在 50mL 的锥形瓶中加入鲜酵母 10.0g，加入 0.8g 乙酸钠，搅拌 15～20min 后使块团溶化，加入 1.50mL 甲苯，用软木塞将瓶口塞住，摇动 10min，放入 37℃ 的恒温箱中保温 60h。取出后加入 1.60mL 的 4.00mol·L⁻¹ 的乙酸和 5.00mL 水，使 pH 值为 4.50 左右。混合物以每分钟 3000 转的离心机离心半小时，混合物形成三层，将中层移出，注入试管中，为粗制酶液。

2. 溶液的配制

（1）0.1% 葡萄糖标准液（1.00mg·mL⁻¹）：先在 90℃ 下将葡萄糖烘 1h，然后准确称取 1.0g 于 100mL 烧杯中，用少量蒸馏水溶解后，定量移至 1000mL 容量瓶中。

（2）3,5-二硝基水杨酸试剂（即 DNS）：6.3g DNS 和 262mL 的 2.00 mol·L⁻¹ NaOH 加到酒石酸钾钠的热溶液中（182g 酒石酸钾钠溶于 500mL 水中），再加 5.0g 重蒸酚和 5.0g 亚硫酸钠，微热搅拌溶解，冷却后加蒸馏水定容到 1000mL，储于棕色瓶中备用。

（3）0.10mol·L⁻¹ 的蔗糖液：准确称取 34.2g 蔗糖溶解后定容至 1000mL 容量瓶中。

3. 葡萄糖标准曲线的制作

在 9 个 50mL 的容量瓶中，加入不同量 0.1% 葡萄糖标准液及蒸馏水，得到一系列不同浓度的葡萄糖溶液。分别吸取不同浓度的葡萄糖溶液 1.00mL 注入 9 支试管内，另取 1 支试管加入 1.00mL 蒸馏水，然后在每支试管中加入 1.50mL DNS 试剂，混合均匀，在沸水浴中加热 5min 后，取出以冷水冷却，每支内注入蒸馏水 2.50mL，摇匀。在分光光度计上用 540nm 波长测定其吸光度。由测定结果作出标准曲线。

4. 蔗糖酶米氏常数 K_M 的测定

在 9 支试管中分别加入 0.10mol·L⁻¹ 蔗糖液、乙酸缓冲溶液，总体积达 2mL，于 35℃ 水浴中预热，另取预先制备的酶液在 35℃ 水浴中保温 10min，依次向试管中加入稀释过的酶液各 2.00mL，准确作用 5min 后，按次序加入 0.50mL 2.00mol·L⁻¹ 的 NaOH 溶液，摇匀，令酶反应停止，测定时，从每支试管中吸取 0.50mL 酶反应液加入装有 1.50mL DNS 试剂的 25mL 比色管中，加入蒸馏水，在沸水中加热 5min 后冷却，用蒸馏水稀至刻度，摇匀，在 540nm 波长测定其吸光度。

五、数据处理

由各反应液测得的吸光度值，在葡萄糖标准曲线上查出对应的葡萄糖浓度，结合反应时间计算其反应速率 r，并将对应的底物（蔗糖）浓度 c_s，一并用表格形式列出，将 $\frac{1}{r}$ 对 $\frac{1}{c_s}$ 作图，以直线斜率和截距求出 K_M 和 r_m。

六、思考题

1. 为什么测定酶的米氏常数要采用初始速度法？为什么会产生过冷现象？
2. 试讨论本实验对米氏常数的测定结果与底物浓度、反应温度和酸度的关系。

实验 25　化学振荡反应动力学参数的测定

一、实验目的

1. 了解振荡反应的基本原理。

2．观察化学振荡现象。

3．测定振荡反应的表观活化能等动力学参数。

二、实验原理

产物本身可作为催化剂的反应称为自催化反应。一般的化学反应最终都能达到平衡状态（各组分浓度不随时间而改变），而在自催化反应中，有一类反应是发生在远离平衡态的体系中，在反应过程中某些物理量（如某些组分的浓度）会随时间作周期性变化，这种反应称为化学振荡反应，又称 B-Z 振荡反应，以纪念苏联科学家 Belousov 和 Zhabotinski 在这方面的贡献。很多含有溴酸盐的反应系统可呈现化学振荡现象。

常用 FKN 机理对 B-Z 振荡反应作出解释。下面以 $BrO_3^- \sim Ce^{3+} \sim CH_2(COOH)_2 \sim H_2SO_4$ 体系为例加以说明。该体系的总反应为

$$2H^+ + 2BrO_3^- + 3CH_2(COOH)_2 \longrightarrow 2BrCH(COOH)_2 + 3CO_2 + 4H_2O \tag{1}$$

体系中存在着下面的反应过程。

过程 A：

$$BrO_3^- + Br^- + 2H^+ \xrightarrow{k_2} HBrO_2 + HOBr \tag{2}$$

$$HBrO_2 + Br^- + H^+ \xrightarrow{k_3} 2HOBr \tag{3}$$

过程 B：

$$BrO_3^- + HBrO_2 + H^+ \xrightarrow{k_4} 2BrO_2 + H_2O \tag{4}$$

$$BrO_2 + Ce^{3+} + H^+ \xrightarrow{k_5} HBrO_2 + Ce^{4+} \tag{5}$$

$$2HBrO_2 \xrightarrow{k_6} BrO_3^- + HOBr + H^+ \tag{6}$$

当 $[Br^-]$ 足够高时，主要发生过程 A。当 $[Br^-]$ 低时，发生过程 B，Ce^{3+} 被氧化。反应中产生的 HOBr 能进一步反应，使丙二酸被溴化为 $BrCH(COOH)_2$。

Br^- 的再生过程：

$$4Ce^{4+} + BrCH(COOH)_2 + H_2O + HOBr \xrightarrow{k_7} 2Br^- + 4Ce^{3+} + 3CO_2 + 6H^+ \tag{7}$$

体系存在着两个受溴离子浓度控制的过程 A 和过程 B。当 $[Br^-]$ 高于某个浓度（即临界浓度，用 $[Br^-]_{crit}$ 表示）时发生过程 A，当 $[Br^-]$ 低于 $[Br^-]_{crit}$ 时发生过程 B。也就是说 $[Br^-]$ 起着开关作用，它控制着从过程 A 到过程 B，再由过程 B 到过程 A 的转变。在过程 A，由于化学反应的进行 $[Br^-]$ 逐渐降低，当 $[Br^-]$ 到达 $[Br^-]_{crit}$ 时，过程 B 发生。在过程 B 中，Br^- 再生，$[Br^-]$ 增加，当 $[Br^-]$ 达到 $[Br^-]_{crit}$ 时，过程 A 发生，这样体系就在过程 A、过程 B 间往复振荡。

在反应进行时，系统中 $[Br^-]$、$[HBrO_2]$、$[Ce^{3+}]$、$[Ce^{4+}]$ 都随时间作周期性的变化。实验中，可以用溴离子选择电极测定 $[Br^-]$，用铂丝电极测定 $[Ce^{4+}]$、$[Ce^{3+}]$ 随时间变化的曲线。溶液的颜色在黄色和无色之间振荡。由实验测得的 B-Z 系统典型的振荡曲线如图 1 所示。

从加入硝酸铈铵到开始振荡的时间称为诱导期（t_u）。诱导期 t_u 和振荡周期 t_z 都与反应速率成反比。结合阿伦尼乌斯经验式，分别可得到诱导期、振荡周期与温度的关系式：

$$\ln t_u = \frac{E_u}{RT} + C' \tag{8}$$

$$\ln t_z = \frac{E_z}{RT} + C'' \tag{9}$$

测得不同温度 T 下的 t_u 和 t_z，分别作 $\ln t_u$-$1/T$ 图和 $\ln t_z$-$1/T$ 图，根据直线的斜率可求出诱导表观活化能 E_u 和振荡表观活化能 E_z。

本实验在 BZ 振荡反应装置（图2）中进行。通过数据采集接口采集电极（Pt 电极与甘汞电极）的电势信号，经通讯端口传送到 PC，实现数据的自动采集和处理。

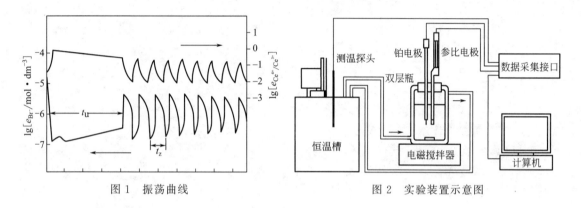

图1　振荡曲线　　　　　　　　图2　实验装置示意图

三、仪器与试剂

BZ 振荡实验装置一套（含数据采集系统、玻璃反应器、搅拌器）；超级恒温水浴；217 型甘汞电极；213 型铂电极，250mL 容量瓶 4 只，20mL 移液管 3 支。

$KBrO_3$（GR）；$Ce(NH_4)_2(NO_3)_6$（AR）；$CH_2(COOH)_2$（AR）；H_2SO_4（AR）。

四、实验步骤

1. 配制 0.45mol/L 丙二酸 250mL、0.25mol/L 溴酸钾 250mL、3.00mol/L 硫酸 250mL；在 0.20mol/L 硫酸介质中配制 4×10^{-3} mol/L 的硝酸铈铵 250mL。

2. 按图2连接好仪器，打开超级恒温水浴，将温度调节至 (25.0 ± 0.1)℃。

3. 在反应器中加入已配好的丙二酸溶液、溴酸钾溶液、硫酸溶液各 15mL。在反应器中放入磁珠，并调节合适的速度。

4. 将电压测量仪置于 2V 档，将正负极短接调零后，将铂电极接正极，217 型甘汞电极（用 $1mol \cdot L^{-1}$ 的 H_2SO_4 作液接盐桥）接负极。

5. 打开 BZ 振荡反应实验系统软件，点击"数据通讯"菜单中的"开始通讯"，输入体系温度。

6. 恒温 10min 后，加入硝酸铈铵溶液 15mL，观察溶液颜色的变化，同时点击"确定"，开始记录相应的变化电势。观察图中电势的变化情况，在经过 4 个振荡周期后，结束记录，保存曲线。

7. 把恒温槽温度分别调节到 30℃、35℃、40℃、45℃、50℃，重复上述步骤。

8. 实验完成后，关闭仪器。反应液倒入指定回收瓶中。

五、数据处理

1. 求各温度下的诱导期和振荡周期。
2. 计算诱导表观活化能和振荡表观活化能。

六、思考题

1. 什么是化学振荡现象，产生化学振荡需要什么条件？
2. 本实验中直接测定的是什么量？目的是什么？

第3章 电化学

实验 26 用酸度计测定乙酸电离常数和电离度

一、实验目的

1. 掌握电离度和电离常数等概念。
2. 学习正确使用酸度计。
3. 测定乙酸电离的经验平衡常数和电离度

二、实验原理

不同的弱电解质在水中电离的程度是不同的。电离度是指当弱电解质在溶液里达电离平衡时，已电离的电解质分子数占原来总分子数（包括已电离的和未电离的）的分数，一般用 α 表示。

乙酸（CH_3COOH）简写成 HAc，是弱电解质，在溶液中存在如下电离平衡：

$$HAc \Longleftrightarrow H^+ + Ac^-$$

乙酸电离的经验平衡常数定义为：

$$K_c = \frac{c(H^+)c(Ac^-)}{c(HAc)} \tag{1}$$

$c(H^+)$、$c(Ac^-)$ 和 $c(HAc)$ 分别为 H^+、Ac^- 和 HAc 的平衡浓度，K_c 为乙酸电离的经验平衡常数（mol/L），简称电离常数。

乙酸溶液的总浓度 c 可以用 NaOH 标准溶液滴定测定。

根据 pH 的定义式：

$$pH = -\lg a(H^+) \tag{2}$$

其中 $a(H^+)$ 为 H^+ 的活度。测定出溶液的 pH，即可求得 $a(H^+)$。

根据活度定义：

$$a(H^+) = \gamma_{c,H^+} \frac{c(H^+)}{c^\ominus} \tag{3}$$

其中 γ_{c,H^+} 为 H^+ 的活度系数，标准浓度 $c^\ominus = 1\,mol/L$。

由于乙酸是弱电解质，且如果溶液浓度不大，可认为 $\gamma_{c,H^+} \approx 1$。于是

$$pH \approx -\lg \frac{c(H^+)}{c^\ominus} \tag{4}$$

在一定温度下用 pH 计测定乙酸溶液的 pH，根据关系式（4）即可求出 $c(H^+)$。

由于水电离出的 H^+ 与醋酸电离出的 H^+ 相比可以忽略，则有 $c(H^+) = c(Ac^-)$，从而得到 $c(Ac^-)$。对于已知准确浓度为 c 的乙酸溶液，有 $c(HAc) = c - c(H^+)$。把得到的 $c(H^+)$、$c(Ac^-)$ 和 $c(HAc)$ 代入式（1）便可计算出该温度下 K_c 的值。

电离常数是温度的函数，与溶液的浓度无关。而电离度不仅与温度有关，而且会受到溶液浓度的影响。乙酸的电离度：

$$\alpha = \frac{c(H^+)}{c} \tag{5}$$

因此，根据乙酸溶液的浓度 c 和平衡时溶液中的 $c(H^+)$，即可求得该溶液的电离度。

三、仪器与试剂

酸度计；容量瓶（50mL）；移液管（25mL）；吸量管（10mL）；碱式滴定管（50mL）；锥形瓶（250mL）；烧杯（50mL）。

NaOH 标准溶液（0.1000mol·L^{-1}）；HAc（近似 0.2mol·L^{-1}）；酚酞指示剂。

四、实验步骤

1. 用 NaOH 标准溶液标定乙酸溶液的浓度。用移液管吸取三份 25.00mL 浓度约为 0.2mol·L^{-1} HAc 溶液，分别置于三个 250mL 的锥形瓶中，各加 2～3 滴酚酞指示剂分别用 NaOH 标准溶液滴定至溶液呈现微红色，半分钟内不褪色为止，记下所用 NaOH 溶液的体积（mL）。

2. 配制不同浓度的乙酸溶液。用吸量管或滴定管分别取 2.50mL、5.00mL 和 25.00mL 已知其准确浓度的 0.2mol·L^{-1} HAc 溶液于三个 50mL 容量瓶中，用蒸馏水稀释至刻度，摇匀，制得 0.01mol·L^{-1}、0.02mol·L^{-1} 和 0.1mol·L^{-1} HAc 溶液。

3. 测定 0.01mol·L^{-1}、0.02mol·L^{-1}、0.1mol·L^{-1} 和 0.2mol·L^{-1} HAc 溶液的 pH。用四个干燥的 50mL 烧杯，分别取 25mL 上述四种浓度的 HAc 溶液，由稀到浓分别用酸度计测定它们的 pH，并记录温度（室温）。

五、数据处理

1. 乙酸浓度（近似 0.2mol·L^{-1}）的测定。将测定结果填入表 1，并计算出乙酸的平均浓度。

表 1　乙酸的浓度　　　　　　　　　　　　　　　$c(NaOH) =$

滴定序号	1	2	3
HAc 溶液的量/mL			
NaOH 标准溶液的用量/mL			
HAc 溶液的浓度/mol·L^{-1}			

乙酸的平均浓度 $c(HAc) =$

2. 计算乙酸的电离度和电离常数。计算结果填入表 2。

表 2 乙酸电离常数和电离度 （温度 ℃）

HAc 溶液编号	$c/\mathrm{mol \cdot L^{-1}}$	pH	$c(\mathrm{H^+})/\mathrm{mol \cdot L^{-1}}$	电离度 α	电离常数 $K_c/\mathrm{mol \cdot L^{-1}}$
1					
2					
3					
4					

3. 根据实验结果讨论 HAc 电离度与浓度的关系。

六、思考题

1. 用酸度计测定 pH 值的操作步骤都有哪些？写出操作步骤的要点。

2. 在测定一系列同一种电解质溶液 pH 值时，测定的顺序由稀到浓和由浓到稀，结果有何不同？

3. 怎样正确使用玻璃电极？

实验 27 电导法测定弱电解质的电离平衡常数

一、实验目的

1. 掌握电导、电导率、摩尔电导率等概念。
2. 学习电导率仪的使用方法
3. 用电导率仪测定乙酸的电离平衡常数。

二、实验原理

弱电解质如乙酸，在一般浓度范围内，只有部分电离。溶液中存在如下电离平衡：

$$\mathrm{HAc} \Longrightarrow \mathrm{H^+} + \mathrm{Ac^-}$$
$$c(1-\alpha) \qquad c\alpha \qquad c\alpha$$

式中，c 为乙酸的起始浓度；α 为电离度。故 $c(1-\alpha)$、$c\alpha$、$c\alpha$ 为 HAc、$\mathrm{H^+}$ 及 $\mathrm{Ac^-}$ 的平衡状态下的浓度。如果溶液是理想的，在一定温度下，可得到 HAc 电离平衡常数（或电离常数） $K^\ominus$：

$$K^\ominus = \frac{([\mathrm{H^+}]/c^\ominus)([\mathrm{Ac^-}]/c^\ominus)}{[\mathrm{HAc}]/c^\ominus} = \frac{c\alpha^2}{c^\ominus(1-\alpha)} \tag{1}$$

根据电离理论，弱电解质的 α 随溶液的稀释而增加，当溶液无限稀释时，$\alpha \to 1$，即弱电解质趋近于全部电离。当温度一定时，弱电解质溶液在各种不同浓度时，电离度 α 只与在该浓度时所生成的离子数有关，因此可通过测量在该浓度与所生成的离子数有关的物理量，如 pH、电导率等来测得 α。本实验是通过测量电导率来计算 α，进而求得 $K^\ominus$ 值。

导体的电阻 （R）、电阻率 （ρ）、长度 （l） 及截面积 （A） 之间满足关系式：

$$R = \rho \frac{l}{A} \tag{2}$$

电导 （G） 为电阻的倒数，其单位为 Ω^{-1} 或 S （西门子）。电导率 （κ） 定义为电阻率的倒数，单位为 $\Omega^{-1} \cdot \mathrm{m^{-1}}$ 或 $\mathrm{S \cdot m^{-1}}$。于是

$$G = \kappa \frac{A}{l} \tag{3}$$

l/A 通常称为电导池常数。

由于电解质溶液的电导率不仅与温度有关，还与该电解质溶液的浓度有关，因此常用摩尔电导率来衡量电解质溶液的导电能力。把含有 1mol 电解质的溶液，置于电导池中相距为 1m 的两个平行电极之间，该溶液的电导称为摩尔电导率，用 Λ_m 表示。摩尔电导率 Λ_m 与电导率 κ 的关系为：

$$\Lambda_m = \frac{\kappa}{c} \tag{4}$$

式中，c 为电解质溶液的浓度（mol·m^{-3}），Λ_m 的单位为 S·m^2·mol^{-1}。

对于无限稀释的电解质溶液，满足离子独立移动定律。对乙酸溶液，离子独立移动定律为：

$$\Lambda_m^\infty(\text{HAc}) = \Lambda_m^\infty(\text{H}^+) + \Lambda_m^\infty(\text{Ac}^-) \tag{5}$$

式中，$\Lambda_m^\infty(\text{HAc})$、$\Lambda_m^\infty(\text{H}^+)$ 和 $\Lambda_m^\infty(\text{Ac}^-)$ 分别为乙酸、H$^+$ 和 Ac$^-$ 的无限稀释摩尔电导率（也称为极限摩尔电导率）。常见离子的无限稀释摩尔电导率可查表得到。

弱电解质的电离度在一般浓度下是很小的，因此摩尔电导率也比较小。但在无限稀释的情况下，可认为弱电解质完全电离，离子之间的相互作用力可以忽略。于是，电解质的摩尔电导率与无限稀释摩尔电导率的差别就可以近似看成是弱电解质的部分电离与全部电离所产生的离子数目不同造成的，弱电解质的电离度 α 可近似表示为：

$$\alpha = \frac{\Lambda_m}{\Lambda_m^\infty} \tag{6}$$

将式(6) 代入式(1)，并整理得：

$$\frac{1}{\Lambda_m} = \frac{1}{\Lambda_m^\infty} + \frac{c\Lambda_m}{c^\ominus K^\ominus (\Lambda_m^\infty)^2} \tag{7}$$

可见，通过测定一系列已知浓度的 HAc 溶液电导率 κ（溶液），再测定出蒸馏水的电导率 $\kappa(\text{H}_2\text{O})$（当溶液很稀时，水的电离影响就要考虑），利用 $\kappa(\text{HAc}) = \kappa$（溶液）$-\kappa$（水）计算出 $\kappa(\text{HAc})$，代入式(4) 可求得 Λ_m。以 Λ_m^{-1} 对 $c\Lambda_m/c^\ominus$ 作图为一直线，截距的倒数即为 Λ_m^∞（或者利用已知数据，即 25℃时的 H$^+$ 和 Ac$^-$ 的极限摩尔电导率分别为 34.96×10^{-3} S·m^2·mol^{-1} 和 4.09×10^{-3}S·m^2·mol^{-1}，通过离子独立移动定律计算得到），由直线的斜率即可求得 $K^\ominus$。

三、仪器与试剂

电导率仪（DDS-12DW 型）；50mL 烧杯 4 个；250mL 锥形瓶 1 只；500mL 容量瓶 1 只；50mL 容量瓶 6 个；50mL 酸式、碱式滴定管各 1 支。

冰乙酸；0.1000mol·L^{-1} 的 NaOH 标准溶液；酚酞指示剂。

四、实验步骤

1. 取冰乙酸 2.85～2.86mL，加入到 500mL 容量瓶中，稀释到刻度，得到浓度约 0.1mol·L^{-1} HAc 溶液。取该溶液 25.00mL，以酚酞为指示剂，用 0.1000mol·L^{-1} 的 NaOH 标准溶液进行标定。平行滴定三次。

2. 用酸式滴定管分别吸取上步配制好的乙酸标准溶液 25mL、20mL、15mL、10mL、5mL、2mL，置于 50mL 容量瓶中，用蒸馏水稀释至刻度。

3. 打开电导率仪开关，设置电导率仪参数。包括 CAL，CEL，COE 等。

4. 按从低到高浓度顺序，分别测定各浓度的乙酸溶液在 25.0℃ 的电导率。测定前用待测液淋洗电导电极 3 次，注意滴管头切勿触及电极上的铂黑。

5. 测定蒸馏水在 25℃ 时的电导率。

6. 实验完毕，切断电源。按照要求保存电导电极。

五、数据处理

1. $0.1mol \cdot L^{-1}$ 的 HAc 溶液浓度的标定，见表1。

表 1　HAc 溶液的标定结果

次数	1	2	3
移取 HAc 溶液体积/mL			
消耗 NaOH 溶液体积/mL			
HAc 溶液的浓度/mol·L⁻¹			

2. 各浓度 HAc 溶液电导测定的结果。

根据 50mL 容量瓶中加入 HAc 溶液体积，计算 $c(HAc)$。并把 $\kappa(HAc)$、$1/\Lambda_m(HAc)$、$c\Lambda_m(HAc)/c^{\ominus}$ 等一并填入表2中。测得 $\kappa(H_2O)/(S \cdot m^{-1})$：_____。

表 2　电导率测定结果

$V(HAc)$ /mL	$c(HAc)$ /mol·m⁻³	κ(溶液) /S·m⁻¹	$\kappa(HAc)$ /S·m⁻¹	$1/\Lambda_m(HAc)$ /(S·m²·mol⁻¹)⁻¹	$c\Lambda_m(HAc)/c^{\ominus}$ /S·m²·mol⁻¹

3. 以 Λ_m^{-1} 对 $c\Lambda_m/c^{\ominus}$ 作图，截距的倒数即为 Λ_m^{∞}，由直线的斜率求 $K^{\ominus}$。

六、思考题

1. 什么叫溶液的电导、电导率和摩尔电导率？
2. 影响摩尔电导率的因素有哪些？
3. 电离平衡常数主要与哪些因素有关？

实验 28　界面移动法测定离子迁移数

一、实验目的

1. 了解界面移动法的测量原理。

2. 掌握离子迁移数和淌度的概念。

3. 测定氢离子的迁移数以及氢离子和镉离子的淌度。

二、实验原理

电解质溶液导电是离子在电场作用下定向运动的结果。当电解质溶液中有电流通过时，阴、阳离子均参与导电，其中阳离子向阴极迁移，阴离子向阳极迁移。一定温度下，离子的迁移速率除了与离子的本性（如电荷、离子半径等）和溶剂的性质有关外，还与离子所处的电位梯度成正比，即：

$$r_B = u_B \frac{dE}{dL} \tag{1}$$

式中，r_B 为 B 离子的迁移速率或运动速率，m/s；$\dfrac{dE}{dL}$ 为该离子所处的电位梯度，V/m。u_B 称为 B 离子淌度，$m^2 \cdot s^{-1} \cdot V^{-1}$，也称为离子电迁移率或离子迁移率，相当于单位电位梯度（1V/m）时离子的迁移速率。

电解质溶液在导电过程中，由于阴、阳离子在溶液中的迁移速率不同，所带电荷不同，所以搬运电荷的量也不相同。通过电解质溶液的总电量为正、负迁移电量之和，设阴、阳离子搬运电量分别为 Q_- 和 Q_+，则总电量：

$$Q = Q_- + Q_+ \tag{2}$$

通常离子 B 运载的电量与通过电解质溶液的总电量之比（或离子 B 运载的电流与总电流之比）称为离子 B 的迁移数，并以符号 t_B 或 $t(B)$ 表示，量纲为 1。迁移数的定义式为：

$$t_B = \frac{Q_B}{Q} = \frac{I_B}{I} \tag{3}$$

由于溶液中每个离子都参与导电，因此所有离子的迁移数之和为 1。

除了离子本性及溶剂性质外，离子迁移数还受其他因素的影响。

（1）浓度的影响。在较浓的溶液中，离子间相互引力较大，正、负子的迁移速率均减慢，若正、负离子的价数相同，则所受影响也大致相同，迁移数变化不大；若正负离子的价数不同，则价数大的离子的迁移数减小更明显。

（2）温度的影响。主要是温度影响了离子的水合程度。当温度升高，正、负离子的运动速率均加快，两者的迁移数趋于相等。

（3）外加电压的大小，一般不影响迁移数，因为外加电压增加时，正、负离子的迁移速率成比例增加，而迁移数基本不变。

测定迁移数的方法有界面移动法、希托夫法和电动势法等。本实验采用界面移动法测定盐酸中 H^+ 的迁移数，其装置如图 1 所示。

界面移动法所使用的两种电解质溶液具有一种共同的离子，由于密度不同，可使这两种溶液之间形成一个明显的界面（借助颜色或折射率不同使界面清晰可见）。为了使界面保持清晰，必须使界面上、下的电解质不相混合，需要选择合适的指示离子，Cd^{2+} 能满足这个要求。在一均匀的垂直迁移管中（图1），充满含有甲基橙指示剂的盐酸溶液（红色），下端的镉电极做阳极，上端的铂电极做阴极。通以大小恒定的直流电，阳极上金属镉被氧化，生成的 Cd^{2+} 进入溶液并向上移动，顶替 H^+ 逐渐形成界面。界面上层的阳离子为 H^+，界面下层的阳离子为 Cd^{2+}。由于溶液要保持电中性，且任意界面不会中断传递电流，H^+ 迁移走后留下的区域，Cd^{2+} 紧紧跟上，因此 H^+ 和 Cd^{2+} 的移动速率是相等的。设界面上、下层电位梯度分别为 $\dfrac{dE}{dL}$、$\dfrac{dE'}{dL}$，则有 $r=u_{Cd^{2+}}\dfrac{dE'}{dL}=u_{H^+}\dfrac{dE}{dL}$。各个离子的淌度是不同的，$H^+$ 和 Cd^{2+} 的淌度大小关系为 $u_{Cd^{2+}}<u_{H^+}$，所以 $\dfrac{dE'}{dL}>\dfrac{dE}{dL}$，即界面下层的电位梯度较大。若 H^+ 因扩散作用进入电位梯度更大的 $CdCl_2$ 溶液层中，则它向上的迁移速率就会大于 Cd^{2+} 的迁移速率，而且比界面上方的 H^+ 还要快，能很快回到上层中去。同样，若 Cd^{2+} 进入低电位梯度的盐酸溶液，则会减速，一直到它重又落回下层为止，这样界面就会在通电过程中保持清晰。

恒电流下，如果时间 t 内界面在迁移管中扫过的体积为 V，则 H^+ 输送的电量：

$$Q_{H^+}=z_+n_+F=cVF \tag{4}$$

式中，z_+ 为 H^+ 的价数；n_+ 为 H^+ 的物质的量，mol；V 为在某通电时间 t(s) 内界面扫过的体积，L；c 为 H^+ 的浓度，$mol \cdot L^{-1}$；F 为法拉第常数，$96500C \cdot mol^{-1}$。

在时间 t 内通过溶液的总电量 Q 为：

$$Q=It \tag{5}$$

式中，Q 为电量，C；I 为电流强度，A；t 为时间，s。

由式（3）可得到 H^+ 的迁移数：

$$t_{H^+}=\frac{cVF}{It} \tag{6}$$

可见，在恒定电流强度下，测定时间 t 内界面扫过的体积 V，可以求得 H^+ 的迁移数。

通过实验也可以测定 Cd^{2+} 和 H^+ 的淌度。由于离子淌度 $u_B=r_B/\dfrac{dE}{dL}$，因此只要测得 B 离子的迁移速率和所处的电位梯度即可求得 B 离子淌度。

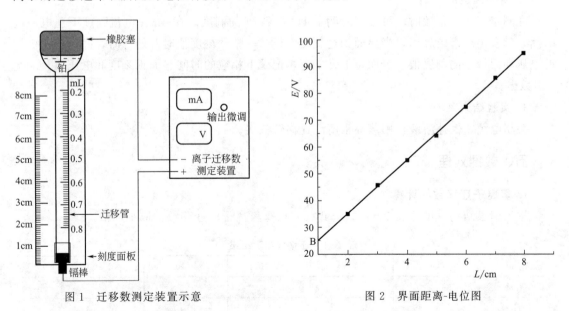

图 1 迁移数测定装置示意   图 2 界面距离-电位图

测定 6～7 组界面移动到距镉电极上端 L（cm）时的总电压 E（V）数据，以 E-L 作图为一直线，如图 2 所示。从图中可以得到 $L=0$ 时的电压值（图中的 B 点电压），此时相应的界面处在镉电极上端，两电极间的阳离子都是 H^+；再根据直线得到 $L=L_0$（L_0 为两极之间的距离）时的电压值，此时相应于界面刚好移动到阴极，两电极间的阳离子都是 Cd^{2+}。

对于均匀电场，电位梯度等于两极电压与电极间距之比，因此读出的两个电压值，分别除以 L_0，即可得到 H^+ 和 Cd^{2+} 所处的电位梯度。

由于两种离子的迁移速度相等，且等于界面的移动速率，因此两种离子迁移速率可通过测定界面在某时间内移动的距离求得。这样，两种离子的淌度可求出。

离子淌度的测定对于研究电解质稀溶液的性质有重要意义。

三、仪器与试剂

离子迁移数测定装置（HTF-7C 型）；秒表。

$0.1000mol \cdot L^{-1}$ HCl 溶液；甲基橙指示剂。

四、实验步骤

1. 连接实验装置

取干净的带体积刻度的迁移管一支，用适量 0.1000mol/L 的盐酸溶液（事先加入几滴甲基橙使溶液显红色）洗三次。在迁移管中加适量溶液（要注意管内不能有气泡），装好电极，测量两极间距。把迁移管固定在刻度面板上，连接线路（其中镉棒做阳极），并读取镉电极上端在面板中对应的刻度。

2. 氢离子迁移数的测定

开启电源，调整电流为 3mA。待界面清晰后到达迁移管的某一个刻度时，开动秒表计时，记下该刻度。界面每移动 0.1mL 记录 1 次时间及对应的迁移管刻度，直至界面移动 0.6mL 体积时停止。

3. 离子淌度的测定

在测定离子迁移数时，可以同时测定 H^+、Cd^{2+} 的淌度。在 3mA 电流强度下通电一段时间，就会出现清晰界面，当界面到达刻度面板某一整数刻度值时开始计时，并记录两极间的电压和面板上的刻度值。界面每上升 1cm，记录下相应的时间、面板刻度和电压值。测定 7 组数据。

4. 实验结束

关闭电源，倒掉溶液，用蒸馏水清洗迁移管三次。

五、数据处理

1. 氢离子迁移数的计算

按照记录结果，填写表 1，根据公式(6)计算氢离子的迁移数，取平均值。

表 1 迁移数测定结果

V/mL	0.10	0.10	0.10	0.10	0.10	0.10
t/s						
$t(H^+)$						

氢离子迁移数平均值：

2. H^+、Cd^{2+} 淌度的计算

把测定数据经过转化后列于表 2。

表 2　离子淌度测定记录表

L/cm								
t/s								
E/V								

表中 L 是指界面到镉电极上端的距离，等于面板中界面的刻度与镉棒上端的刻度之差。

（1）根据表 2 中的数据，按照 $\Delta L/\Delta t$ 计算界面迁移速率，见表 3，取平均值。

表 3　界面迁移速率

$\Delta L/\text{cm}$								
$\Delta t/\text{s}$								
$r/\text{cm}\cdot\text{s}^{-1}$								

迁移速率平均值：

（2）作 E-L 图。从图上得到 $L=0$ 和 $L=L_0$ 时的电压值，分别除以两极间距 L_0，得到两种离子的电位梯度。

（3）根据公式 $u_B=r_B/\dfrac{\mathrm{d}E}{\mathrm{d}L}$，分别计算 H^+ 和 Cd^{2+} 的淌度。

六、思考题

1. 实验中迁移管中清晰的界面是如何形成的？
2. 在本实验中测定迁移数与加在迁移管两端的电压大小有无关系？为什么？
3. 影响离子迁移数的因素有哪些？

实验 29　电池电动势和难溶盐溶度积的测定

一、实验目的

1. 掌握电池电动势的测量原理和方法。
2. 测定铜电极、锌电极的电极电位及铜锌电池的电动势。
3. 测定 $AgCl$ 的溶度积。

二、实验原理

凡是能使化学能转变为电能的装置都称之为原电池（或电池）。一个可逆电池必须满足电池反应可逆和通过电池的电流为无限小这两个条件。只有可逆电池的电动势才有热力学上的价值，所以测定可逆电池的电动势是研究化学反应热力学状态函数变化值的重要手段。

对双液电池，如果存在液接电势，即使电池反应可逆，也是不可逆电池。因此在精确度不高的测量中，常用正负离子迁移数比较接近、溶解度大、不与接触液中物质反应的盐类制成"盐桥"来降低（不能完全消除）液接电位至可忽略程度。

电池电动势不能直接用伏特计来测量，因为电池与伏特计联接后必须有电流流过才能使伏特计显示，这时的电池已不是可逆电池。有电流通过会使电极发生极化，使电极偏离平衡状态。另外电池本身有内阻，伏特计所量得的只是电池的端电压。测量电池电动势只能在无电流通过电池的情况下进行，因此需用对消法测定电动势。

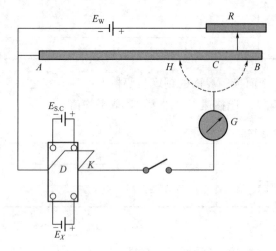
图 1　对消法测定电动势原理

对消法的原理（图 1）是在待测电池上并联一个大小相等、方向相反的外加电压，这样当待测电池中没有电流通过时，外加电压的大小即等于待测电池的电动势。对消法测电动势常用的仪器为电位差计，其简单原理如图 1 所示。电位差计由上方的工作回路和下方的标准回路、测量回路组成。

首先把双向开关 K 扳向电动势精确已知的标准电池 $E_{S.C}$ 一方，假设均匀滑线电阻与检流计的连接点在 C 点。逐渐调节可变电阻 R，从而改变工作回路中的电流，当调到检流计 G 检测不到电流，均匀滑线电阻 AB 上 AC 段的电压降正好为 $E_{S.C}$，这样就校准好了工作电流 I_W。然后把双向开关 K 换向待测电池 E_X 的一方，保持工作电流 I_W 不变的情况下，在 AB 滑线电阻上迅速移动触点，如果移动到 H 点时检流计 G 中无电流通过，则这时 E_X 与 AH 间的电位降大小相等。

显然，$I_W = \dfrac{E_{S.C}}{R_{AC}} = \dfrac{E_X}{R_{AH}}$，由此可得待测电池电动势。

对电极反应 $c\mathrm{C} + d\mathrm{D} + z\mathrm{e}^- \longrightarrow g\mathrm{G} + h\mathrm{H}$，电极电势的计算通式为电极反应的能斯特方程：

$$\varphi = \varphi^\ominus - \frac{RT}{zF}\ln\prod_B a_B^{\nu_B} \tag{1}$$

式中，$\varphi^\ominus$ 为标准电极电势，V；z 为电极反应式中电子的计量系数；T 为反应温度，K；法拉第常数 $F = 96500\,\mathrm{C/mol}$，$a_B$ 为电极反应式中任一组分 B 的活度，ν_B 为组分 B 的计量系数（反应物取负值，产物取正值）。

对于原电池，一般把起氧化作用的电极写在左边做负极，右边的电极则为起还原作用的正极。电池的电动势等于正、负两个电极的电势之差。

设正极电势为 φ^+，负极电势为 φ^-，则电池电动势：

$$E = \varphi^+ - \varphi^- = E^\ominus - \frac{RT}{zF}\ln\prod a_B^{\nu_B} \tag{2}$$

这就是电池反应的能斯特方程，式中 a_B 为电池反应式中任一组分 B 的活度。

电极电势的绝对值无法测定，为使用方便，常采用相对电极电势。规定任何温度下标准氢电极（氢气压力为 100kPa，溶液中 H^+ 活度等于 1）的电极电势等于零。将标准氢电极与待测电极组成一电池，该电池电动势就是待测电极的电极电势。由于氢电极使用不便，常用另外一些易制备、电极电势稳定的电极作为参比电极，实验室常用电势已精确测出的饱和甘汞电极作参比电极。

1. 求铜电极的标准电极电势

可设计电池如下：$\mathrm{Hg(l)\text{-}Hg_2Cl_2(s)\,|\,KCl(饱和)\,\|\,CuSO_4(mol\cdot kg^{-1})\,|\,Cu(s)}$。

铜电极的反应为：$Cu^{2+}(a_1)+2e^- \longrightarrow Cu(s)$

甘汞电极的反应为：$2Hg(l)+2Cl^-(a_2) \longrightarrow Hg_2Cl_2(s)+2e^-$

电池电动势为：$E=\varphi^+ - \varphi^- = \varphi^{\ominus}_{Cu^{2+}/Cu} - \dfrac{RT}{2F}\ln\dfrac{1}{a_{Cu^{2+}}} - \varphi_{甘汞}$　　　　　　(3)

显然 Cu^{2+} 的活度越大，电池电动势越大。由于 $\varphi_{甘汞}$ 已知，只要测得电动势 E，即可求得铜电极电势。

2. 求锌电极的标准电极电势

可设计电池如下：$Zn(s)|ZnSO_4(mol \cdot kg^{-1}) \parallel KCl(饱和)|Hg(l)\text{-}Hg_2Cl_2(s)$。

锌电极的反应为：$Zn(s) \longrightarrow Zn^{2+}+2e^-$

甘汞电极的反应为：$Hg_2Cl_2(s)+2e^- \longrightarrow 2Hg(l)+2Cl^-$

电池电动势为：$E=\varphi^+ - \varphi^- = \varphi_{甘汞} - \varphi^{\ominus}_{Zn^{2+}/Zn} + \dfrac{RT}{2F}\ln\dfrac{1}{a_{Zn^{2+}}}$　　　　　　(4)

显然 Zn^{2+} 的活度越大，电池电动势越小。由于 $\varphi_{甘汞}$ 已知，只要测得电动势 E，即可求得锌电极电势。

3. 测定铜锌电池的电动势

设计电池如下：$Zn(s)|ZnSO_4(mol \cdot kg^{-1}) \parallel CuSO_4(mol \cdot kg^{-1})|Cu(s)$，可以通过电位差综合测试仪测定其电动势。另外，理论上可用电池反应的能斯特公式来计算电池电动势：

$$E=(\varphi^{\ominus}_{Cu^{2+}/Cu} - \varphi^{\ominus}_{Zn^{2+}/Zn}) - \dfrac{RT}{2F}\ln\dfrac{a_{Zn^{2+}}}{a_{Cu^{2+}}} = E^{\ominus} - \dfrac{RT}{2F}\ln\dfrac{(\gamma_{\pm}m)_{Zn^{2+}}}{(\gamma_{\pm}m)_{Cu^{2+}}} \qquad (5)$$

4. 求难溶盐 AgCl 的溶度积 K_{sp}

难溶盐 AgCl，其活度积表达式为 $K_{ap}=a_{Cl^-} \cdot a_{Ag^+}$，实际上就是 $AgCl(s) \longrightarrow Ag^+ + Cl^-$ 的标准平衡常数。溶度积一般定义为：$K_{sp}=\prod\left(\dfrac{c_B}{c^{\ominus}}\right)^{\nu_B}=c_{Cl^-} \cdot c_{Ag^+}/(c^{\ominus})^2$，显然二者定义式不同。但是由于难溶盐中离子浓度非常小，所以各离子的活度系数近似为 1，于是活度积和溶度积数值上近似相等，因此习惯上把活度积又称为溶度积。

AgCl 的溶度积，可以通过设计可逆电池，测定电池电动势求得。

把 $Ag^+ + Cl^- \longrightarrow AgCl(s)$ 设计成如下可逆电池：

$$Ag(s)\text{-}AgCl(s)|KCl(0.1mol \cdot kg^{-1}) \parallel AgNO_3(0.1mol \cdot kg^{-1})|Ag(s)$$

银电极反应：$Ag^+ + e^- \longrightarrow Ag(s)$；银-氯化银电极反应：$Ag(s)+Cl^- \longrightarrow AgCl(s)+e^-$

该电池反应的标准平衡常数为 K_{sp}^{-1}。

根据电池反应的能斯特方程，可得：$E=E^{\ominus} - \dfrac{RT}{F}\ln\dfrac{1}{a_{Ag^+}a_{Cl^-}} = E^{\ominus} + \dfrac{RT}{F}\ln a_{Ag^+}a_{Cl^-}$

　　　　　　(6)

又 $\Delta_rG^{\ominus}_m = -zE^{\ominus}F = -RT\ln K_{sp}^{-1} = RT\ln K_{sp}$，所以 $E^{\ominus} = -\dfrac{RT}{zF}\ln K_{sp} = -\dfrac{RT}{F}\ln K_{sp}$（本反应 $z=1$）。

代入电池反应的能斯特方程，可得：$E=-\dfrac{RT}{F}\ln K_{sp} + \dfrac{RT}{F}\ln a_{Ag^+}a_{Cl^-} = \dfrac{RT}{F}\ln\dfrac{a_{Ag^+}a_{Cl^-}}{K_{sp}}$

整理得到：　　　　　　$\ln K_{sp}=\ln(a_{Ag^+}a_{Cl^-}) - \dfrac{FE}{RT}$　　　　　　(7)

a_{Ag^+} 与 a_{Cl^-} 可通过所配制的溶液浓度，查得活度系数后通过 $a_i = \gamma_{\pm} m_i$ 计算得到，电动势 E 测得，因此 K_{sp} 可求。

三、仪器与试剂

电位差综合测试仪；电镀装置；铜电极；饱和甘汞电极；锌电极；银电极；铂电极；半电池管；50mL 烧杯；KCl 和 KNO$_3$ 盐桥。

CuSO$_4$（0.1000mol·kg^{-1}，0.0100mol·kg^{-1}）；ZnSO$_4$（0.1000mol·kg^{-1}，0.0100mol·kg^{-1}）；稀 H$_2$SO$_4$ 溶液；0.5000mol·L^{-1} Hg(NO$_3$)$_2$ 溶液；KCl 饱和溶液；琼脂（C.P.）；KCl（0.1000mol·kg^{-1}）；AgNO$_3$（0.1000mol·kg^{-1}）；镀银液；HCl（0.1000mol·kg^{-1}）。

四、实验步骤

1. 盐桥制备

称取琼脂 3g 放入 100mL 饱和 KCl 溶液中，浸泡片刻，再缓慢加热至沸腾，待琼脂全部溶解后稍冷，将洗净之盐桥管插入琼脂溶液中，从管的上口将溶液吸满（管中不能有气泡），保持此充满状态冷却到室温，即凝固成冻胶固定在管内。取出擦净得到 KCl 盐桥。KNO$_3$ 盐桥制备方法相同。

2. 电极的制备

（1）铜电极的制备　将铜电极用细砂纸擦亮，冲洗，用滤纸擦干。插入 CuSO$_4$ 溶液中制成电极待用。

（2）锌电极的制备　将锌电极在稀硫酸溶液中浸泡片刻，取出洗净，浸入 0.5mol·L^{-1} 硝酸汞溶液中约 10s，表面上即生成一层光亮的汞齐，用水冲洗晾干后，插入 ZnSO$_4$ 溶液中待用。

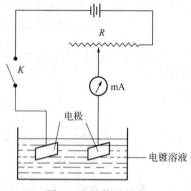

图 2　电镀装置示意

（3）银电极和银-氯化银电极的制备　电镀装置如图 2 所示。将两个银电极用细砂纸轻轻打磨至露出新鲜的金属光泽，再用蒸馏水洗净。将两只 Pt 电极浸入稀硝酸溶液片刻，取出用蒸馏水洗净。将洗净的电极分别插入盛有镀银液（100mL 水中加 1.5g 硝酸银和 1.5g 氰化钠）的小瓶中，接好线路，并将两个小瓶串联，控制电流为 0.3mA，镀 1h，得白色紧密的镀银电极。将制成的一支银电极用蒸馏水洗净，作为正极，以 Pt 电极作负极，在约 1mol·L^{-1} 的 HCl 溶液中电镀，连接线路，控制电流为 2mA 左右，镀 30min，可得呈紫褐色的 Ag-AgCl 电极，该电极不用时应保存在 KCl 溶液中，储藏于暗处。

3. 电动势的测定

（1）熟悉电位差综合测试仪的使用方法。

（2）打开电位差综合测试仪预热 10min，并接好测量电路。

（3）分别测定下列几个原电池的电动势。电池的正负极不可接反。写在书面上的电池右边为正极，左边为负极：

① Zn(s)｜ZnSO$_4$(0.1000mol·kg^{-1})‖KCl(饱和)｜Hg(l)-Hg$_2$Cl$_2$(s)

② $Zn(s)|ZnSO_4(0.0100mol \cdot kg^{-1}) \parallel KCl(饱和)|Hg(l)-Hg_2Cl_2(s)$

③ $Hg(l)-Hg_2Cl_2(s)|KCl(饱和) \parallel CuSO_4(0.1000mol \cdot kg^{-1})|Cu(s)$

④ $Hg(l)-Hg_2Cl_2(s)|KCl(饱和) \parallel CuSO_4(0.0100mol \cdot kg^{-1})|Cu(s)$

⑤ $Zn(s)|ZnSO_4(0.1000mol \cdot kg^{-1}) \parallel CuSO_4(0.1000mol \cdot kg^{-1})|Cu(s)$

⑥ $Zn(s)|ZnSO_4(0.0100mol \cdot kg^{-1}) \parallel CuSO_4(0.0100mol \cdot kg^{-1})|Cu(s)$

⑦ $Ag(s)-AgCl(s)|HCl(0.1000mol \cdot kg^{-1}) \parallel AgNO_3(0.1000mol \cdot kg^{-1})|Ag(s)$

测量时为了保证所测电池电动势的正确，必须严格遵守电位差综合测试仪的正确使用方法。当数值稳定在 $\pm 0.1mV$ 之内时即可读数。

五、数据处理

1. 根据测量时的室温计算甘汞电极电势：$\varphi_{甘汞} = 0.2424 - 7.6 \times 10^{-4}(T/℃-25)$（V）

2. 由测得的①～④电池电动势计算铜电极和锌电极的电极电势。

3. 计算⑤、⑥电池电动势，并与实验值比较。已知：$\varphi_{Cu^{2+}/Cu}^{\ominus} = 0.3370V$；$\varphi_{Zn^{2+}/Zn}^{\ominus} = -0.7628V$。

4. 计算 AgCl 的溶度积。

已知 298K 时 $0.1mol \cdot kg^{-1}$ CuSO_4 和 $0.1mol \cdot kg^{-1}$ ZnSO_4 溶液的离子平均活度系数分别为 0.160、0.150；$0.01mol \cdot kg^{-1}$ CuSO_4 和 $0.01mol \cdot kg^{-1}$ ZnSO_4 溶液的离子平均活度系数分别为 0.40、0.387。

$0.1mol \cdot kg^{-1}$ AgNO_3 溶液中银离子和 $0.1mol \cdot kg^{-1}$ KCl 中氯离子的活度系数分别为 0.731 和 0.767。温度 t（℃）时 $0.1000mol \cdot kg^{-1}$ HCl 的 $\gamma_{\pm}$ 可按下式计算：

$$-\lg\gamma_{\pm} = -\lg 0.8027 + 1.620 \times 10^{-4} t/℃ + 3.13 \times 10^{-7}(t/℃)^2$$

六、思考题

1. 参比电极应具备什么条件？它有什么作用？

2. 盐桥有什么作用？选为盐桥的物质应有什么原则？

3. 组成可逆电池需满足哪两个条件？

实验 30　阳极极化曲线的测定

一、实验目的

1. 掌握恒电位法测定金属极化曲线的原理和方法。

2. 了解极化曲线的意义和应用。

二、实验原理

1. 极化现象

为了探索电极过程的机理及影响电极过程的各种因素，需要对电极过程进行研究，而在该研究过程中极化曲线的测定又是重要的方法之一。在研究可逆电池的电动势和电池反应时，电极上几乎没有电流通过，每个电极或电池反应都是在无限接近于平衡下进行的，因此电极反应是可逆的，测定的电极电位（也称势）为平衡电位。但当有电流明显地通过电池时，则电极的平衡状态被破坏，此时电极反应处于不可逆状态，随着电极上电流密度的增加，电极反应的不可逆程度也随之增大。在有电流通过电极时，由于电极反应的不可逆而使电极电位偏离平衡值的现象称为电极的极化。根据实验测出的数据来描述电流（或电流密度）与电极电位之间关系的曲线称为极化曲线。

通常，金属的阳极过程是指金属作为阳极时在一定的外电势下发生的阳极溶解过程，此过程只有在电极电位正于其热力学电位时才能发生。阳极的溶解速度随电位变正而逐渐增大，这是正常的阳极溶出。但当阳极电位正到某一数值时，其溶解速度达到一最大值。此后阳极溶解速度随着电位变正，反而大幅度地降低，这种现象称为金属的钝化现象。

本实验测定的是铁在碳酸氢铵-氨水饱和溶液中的阳极极化曲线，也是在该条件下铁的钝化曲线。

该极化曲线表明，电位从 A 点开始上升（即电位向正方向移动），电流密度也随之增加，这是金属的正常溶解过程，铁以二价形式进入溶液，ABC 段为活化溶解区。电位超过 C 点以后，电流密度迅速减至很小，这是因为在金属表面上生成了一层电阻高、耐腐蚀的钝化膜，CD 段为钝化过渡区。到达 D 点以后，电位再继续上升，电流仍保持在一个基本不变的很小的数值上，DE 段为稳定钝化区，此时的电流密度称为维持钝化电流密度（简称维钝电流密度）。电位升到 E 点时，电流又随电位的上升而增大，EF 段为超钝化区。如图 1 所示。

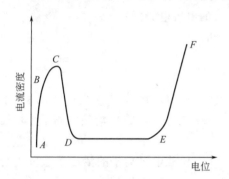

图 1　阳极极化曲线

AB 段—活性溶解区；BCD 段—钝化过渡区；DE 段—稳定钝化区；EF 段—超（过）钝化区

2. 影响金属钝化过程的几个因素

金属钝化现象是常见的，人们已对它进行了大量的研究工作。影响金属钝化过程及钝化性质的因素，可归纳为以下几点。

（1）溶液的组成　溶液中存在的 H^+、卤素离子以及某些具有氧化性的阴离子，对金属的钝化起着颇为显著的影响。在中性溶液中，金属一般比较容易钝化，而在酸性或某些碱性溶液中，钝化则困难得多，这与阳极反应产物的溶解度有关。卤素离子，特别是氯离子的存在，则明显地阻止了金属的钝化过程，已经钝化了的金属也容易被它破坏（活化），而使金属的阳极溶解速度重新增大。

（2）金属的化学组成和结构　各种纯金属的钝化能力不尽相同，以铁、镍、铬三种金属为例，铬最容易钝化，镍次之，铁较差些。因此，添加铬、镍可以提高钢铁的钝化能力。一般来说，在合金中添加易钝化金属时，可以提高合金的钝化能力及钝化的稳定性。

（3）外界因素（如温度、搅拌等）　一般来说，温度升高以及搅拌加剧，可以推迟或防止钝化过程的发生，这显然与离子扩散有关。

3. 极化曲线的测量

（1）恒电位法　将研究电极上的电位维持在某一数值上，然后测量对应于该电位下的电流。由于电极表面状态在未建立稳定状态之前，电流会随时间而改变，故一般测出来的曲线为"暂态"极化曲线。常采用的控制电位测量方法有下列两种。

① 静态法　将电极电位较长时间地维持在某一恒定值，同时测量电流随时间的变化，直到电流值基本上达到某一稳定值。如此逐点地测量各个电极电位（例如每隔 20mV、

50mV 或 100mV) 下的稳定电流值, 以获得完整的极化曲线。

② 动态法 控制电极电位以较慢的速度连续改变 (扫描), 并测量对应电位下的瞬时电流值, 并以瞬时电流与对应的电极电位作图, 获得整个的极化曲线。所采用的扫描速度 (即电位变化的速度) 需要根据研究体系的性质选定。一般来说, 电极表面建立稳态的速度愈慢, 则扫描速度也应愈慢, 这样才能使所测得的极化曲线与采用的静态法的接近。

上述两种方法都已获得了广泛的应用。从其测量结果的比较可以看出, 静态法测量结果虽较接近稳态值, 但测量的时间较长, 例如对于钢铁等金属及其合金, 为了测量钝态区的稳态电流往往需要在每一个电位下等待几个小时甚至几十个小时, 所以在实际工作中, 较常采用动态法来测量。本实验亦采用动态法。

(2) 恒电流法 将研究电极的电流恒定在某定值下, 测量其对应的电极电位, 得到的极化曲线。本实验中, 由于一个电流值可能对应于多个电位值, 所以采用恒电流法时极化曲线的测不完整, 也就无法描绘出铁的溶解和钝化的实际过程。

本实验采用恒电位动态法。辅助电极为铂电极, 研究电极为铁电极, 参比电极为饱和甘汞电极。

三、仪器与试剂

RST 电化学工作站一台; 电解池一个; 饱和甘汞电极、铁电极、铂电极各一只。
$NH_4OH-NH_4HCO_3$ (25% 氨水被碳酸氢铵饱和的溶液); 饱和 KCl 溶液。

四、实验步骤

1. 在电解池中加入大约 50mL $NH_4OH-NH_4HCO_3$ 饱和溶液。
2. 把研究电极用细砂纸打磨至底面光亮, 用蒸馏水冲洗, 慢慢放入电解池至合适位置。
3. 将参比电极插入电解池的含有适量饱和 KCl 溶液的支管中。
4. 连接电极。"W" 线连接铁电极; "A" 线连接铂电极; "R" 线连接甘汞电极。
5. 打开微机和电化学工作站开关, 启动电化学工作站软件。首先设定电化学方法。其次设定电化学参数, 包括起始电位、终止电位、扫描速率、电流量程等。之后输入电解池中的电极面积。在系统设置中的图形设置里, 纵轴 "以电流密度表示", 电流方向向上为正。
6. 点 "运行", 电化学工作站按照设定参数采集数据。
7. 采集完成后, 保存文件。
8. 放大图形, 从图中读取 10 个左右的数据点。图中横坐标为 $\varphi_{研究} - \varphi_{甘汞}$ (V), 纵坐标为电流密度 j (A/cm^2)。
9. 关闭电化学工作站电源开关和计算机。复原电极及电解池。

五、数据处理

1. 根据实验温度计算 $\varphi_{甘汞}$。$\varphi_{甘汞} = 0.2424 - 7.6 \times 10^{-4}$ $(T/℃ - 25)$ (V)。然后填写下面表格。

$\varphi_{研究} - \varphi_{甘汞}$/V	$\varphi_{研究}$/V	j/mA·cm^{-2}

2. 作极化曲线。以 j 为纵坐标，$\varphi_{研究}$ 为横坐标，作极化曲线。

3. 根据法拉第律计算金属的腐蚀速度。

$$K = \frac{j_m t n}{26.8 \times \rho \times 100} \ (\text{mm/a})$$

式中，j_m 为维钝电流密度，$\text{mA} \cdot \text{cm}^{-2}$；$t = 24 \times 365 \text{h}$；$n = 18.7\text{g}$；$\rho = 7.8\text{g} \cdot \text{cm}^{-3}$。

六、思考题

1. 阴极是哪个电极？

2. 本实验为什么要用恒电位法测定阳极极化曲线？

实验 31 阴极极化曲线的测定

一、实验目的

1. 研究添加剂对无氰镀锌阴极极化作用的影响。

2. 了解络合剂、添加剂对阴极极化的影响。

3. 了解恒电位仪的使用方法。

二、实验原理

当电解池中通过直流电时，随着阴极电流密度的增加，阴极电位越来越偏离其平衡电位而变得更负，这种现象被称为阴极极化。描述极化电流（或电流密度）与极化电位的关系曲线就是极化曲线。

电镀的实质是一个电结晶过程。在电结晶过程中，只有当晶核的生成速度大于晶核的成长速度时，镀层才细致、紧密，因此晶核的生成速度是决定镀层质量的重要因素之一。我们知道，小晶体比大晶体具有更高的表面能，因而从阴极析出这种小晶体就需要较高的超电压。阴极的电位越负，晶核的生成速度就越快，而镀层的结晶就越小。由此可知，一切影响阴极极化的因素，都能改变镀层的组织结构。应该指出的是：如果单纯增大电流密度以造成较大的浓差极化，则常常形成疏松的镀层。因而最好是采用那些能减小电极反应速率的措施，使电化学极化增加。在电镀中，往往通过增大阴极极化来提高电镀的质量。但是，如果单纯增大电流密度以造成较大的浓差极化，则常常形成疏松的镀层，因而在电镀生产中，大都在镀液中加入各种络合剂、添加剂，以减小电极反应速率，增加电化学极化，来获得性质优良的镀层。近几年来，在无氰电镀液中又特别使用了各种有利于增大阴极极化作用的添加剂。

为了提高镀液的阴极极化值，必须了解阴极极化值与有关的因素，如镀液中主盐的本性、络合剂、金属离子的浓度、电流密度、温度、镀液的 pH 值和添加剂的关系。其中尤以加入络合剂和添加剂后，极化就显著增大，这是因为添加剂在溶液中呈现胶体状态，它被吸附在阴极表面上，使金属离子在阴极上放电反应的速度降低，从而增加了电化学极化作用，有利于晶核的生成，使镀层结晶细小致密。

三种镀液成分如下：

Ⅰ 0.38mol·L⁻¹ $ZnCl_2$＋4.8mol·L⁻¹ NH_4Cl

Ⅱ 0.38mol·L⁻¹ $ZnCl_2$＋4.8mol·L⁻¹ NH_4Cl＋0.2mol·L⁻¹ NTA（即氨三乙酸）

Ⅲ 0.38mol·L⁻¹ $ZnCl_2$＋4.8mol·L⁻¹ NH_4Cl＋0.2mol·L⁻¹ NTA＋2g·L⁻¹硫脲＋2g·L⁻¹聚乙二醇

其中 NH_4Cl 主要起导电作用，以改善电解液的分散能力，氨还可以与氨三乙酸共同与锌络合形成更为稳定的络离子；氨三乙酸是络合剂，与锌离子形成络合离子；硫脲作为添加剂，在电镀过程中，电解产生的活性 S^{2-} 离子在电极表面与金属形成表面络合物，阻碍电极反应。聚乙二醇作为添加剂，属于非离子型表面活性物质，强烈地吸附在电极表面，阻碍电极反应。

本实验通过电化学工作站，分别在不同介质中，用恒电位法测定在不同电流密度下研究电极相对于参比电极的电位，从而算得研究电极的电极电位 $\varphi_{研}$，绘制出阴极极化曲线，如图1所示。

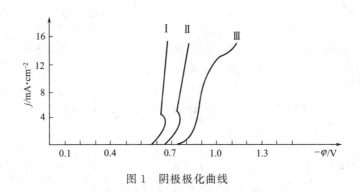

图1　阴极极化曲线

三、仪器与试剂

电化学工作站一套；电解池装置一套；锌电极2支；甘汞电极1支。

Ⅰ～Ⅲ号镀液各一份。

四、实验步骤

1. 取锌电极一支，在0号金相砂纸上磨光，最后在绒布上磨至光亮，洗净，去油，吹干后，除一个工作面外，其余面用环氧树脂或硝基清漆涂上绝缘层。

2. 在 H 型电解池中，加入镀液，装上研究、辅助及参比电极，并与电化学工作站相接。

3. 打开微机和电化学工作站开关，启动电化学工作站软件。进行设置。

4. 点"运行"，电化学工作站按照设定参数采集数据。

5. 采集完成后，保存文件。从图上读取数据。

6. 关闭电化学工作站电源开关和计算机。复原电极及电解池。

五、数据处理

1. 根据读出的数据及甘汞电极电位，计算出研究电极的电极电位 $\varphi_{研}$，填入表1中。

表 1　恒电位法测定阴极极化曲线结果

$\varphi_{甘汞} =$ 　　　　　　电极面积：

Ⅰ号镀液			Ⅱ号镀液			Ⅲ号镀液		
$\Delta\varphi/V$	$\varphi_{阴}/V$	$j/mA \cdot cm^{-2}$	$\Delta\varphi/V$	$\varphi_{阴}/V$	$j/mA \cdot cm^{-2}$	$\Delta\varphi/V$	$\varphi_{阴}/V$	$j/mA \cdot cm^{-2}$

注：$\Delta\varphi = \varphi_{阴} - \varphi_{甘汞}$。

2. 分别以电流密度 j 为纵坐标，以研究电极电位 $\varphi_{研}$ 为横坐标作图，即得到阴极极化曲线。

六、思考题

1. 什么叫阴极极化？如何增大阴极极化作用？
2. 镀液中 NH_4Cl、氨三乙酸、聚乙二醇各起什么作用？

实验 32　电位-pH 曲线的测定

一、实验目的

1. 测定 Fe^{3+}/Fe^{2+}-EDTA 体系在不同 pH 下的电极电位。
2. 掌握测量原理和 pH 计的使用方法。
3. 绘制电位-pH 图，了解其应用。

二、基本原理

φ-pH 曲线在电化学分析中有广泛实用价值。电极电位的概念被广泛应用于解释氧化还原体系之间的反应。但是很多氧化还原反应的发生都与溶液的 pH 值有关，此时，电极电位不仅随溶液的浓度和离子强度变化，还要随溶液 pH 值而变化。对于这样的体系，有必要考查其电极电位与 pH 的变化关系，从而能够得到一个比较完整、清晰的认识。在一定浓度的溶液中，改变其酸碱度，同时测定电极电位和溶液的 pH 值，然后以电极电位 φ 对 pH 作图，这样就制作出体系等温、等浓度的电位-pH 曲线，该曲线称为电位-pH 图。

根据能斯特（Nernst）公式，溶液的平衡电极电位与溶液的浓度关系为：

$$\begin{aligned}
\varphi &= \varphi^{\ominus} + \frac{RT}{zF}\ln\frac{a_{ox}}{a_{re}} \\
&= \varphi^{\ominus} + \frac{2.303RT}{zF}\lg\frac{a_{ox}}{a_{re}} \\
&= \varphi^{\ominus} + \frac{2.303RT}{zF}\lg\frac{c_{ox}}{c_{re}} + \frac{2.303RT}{zF}\lg\frac{\gamma_{ox}}{\gamma_{re}}
\end{aligned} \tag{1}$$

式中，a_{ox}、c_{ox} 和 γ_{ox} 分别为氧化态的活度、浓度和活度系数；a_{re}、c_{re} 和 γ_{re} 分别为还原态的活度、浓度和活度系数。在恒温及溶液离子强度保持定值时，式中的末项 $\dfrac{2.303RT}{zF}$ $\lg\dfrac{\gamma_{ox}}{\gamma_{re}}$ 亦为一常数，用 b 表示之，则：

$$\varphi = (\varphi^{\ominus} + b) + \frac{2.303RT}{zF}\lg\frac{c_{ox}}{c_{re}} \tag{2}$$

显然，在一定温度下，体系的电极电位将与溶液中氧化态和还原态浓度比值的对数呈线性关系。

本实验所讨论的是 Fe^{3+}/Fe^{2+}-EDTA 络合体系。EDTA 酸根离子 $(CH_2)_2N_2(CH_2COO)_4^{4-}$ 以 Y^{4-} 表示，体系的基本电极反应为 $FeY^- + e^- =\!=\!= FeY^{2-}$，则其电极电位为：

$$\varphi = (\varphi^{\ominus} + b) + \frac{2.303RT}{F}\lg\frac{c_{FeY^-}}{c_{FeY^{2-}}} \tag{3}$$

由于 FeY^- 和 FeY^{2-} 这两个络合物都很稳定，其 $\lg K_{稳}$ 分别为 25.1 和 14.32，故在 EDTA 过量情况下所生成的络合物的浓度就近似等于配制溶液时的铁离子浓度，如用 $c^0_{Fe^{3+}}$ 和 $c^0_{Fe^{2+}}$ 分别代表 Fe^{3+} 和 Fe^{2+} 的配制浓度，则有：

$$c_{FeY^-} = c^0_{Fe^{3+}}; \quad c_{FeY^{2-}} = c^0_{Fe^{2+}}$$

所以式（3）变成：

$$\varphi = (\varphi^{\ominus} + b) + \frac{2.303RT}{F}\lg\frac{c^0_{Fe^{3+}}}{c^0_{Fe^{2+}}} \tag{4}$$

由式（4）可知，Fe^{3+}/Fe^{2+}-EDTA 络合体系的电极电位随溶液中的 $c^0_{Fe^{3+}}/c^0_{Fe^{2+}}$ 比值变化，而与溶液的 pH 值无关。对具有某一定的 $c^0_{Fe^{3+}}/c^0_{Fe^{2+}}$ 比值的溶液而言，其电位-pH 曲线应表现为水平线。如图 1 中的 bc 段。

但 Fe^{3+} 和 Fe^{2+} 除能与 EDTA 在一定 pH 值范围内生成 FeY^- 和 FeY^{2-} 外，在低 pH 值时，Fe^{2+} 还能与 EDTA 生成 $FeHY^-$ 型的含氢络合物；在高 pH 值时，Fe^{3+} 则能与 EDTA 生成 $Fe(OH)Y^{2-}$ 型的羟基络合物。

在低 pH 值时的基本电极反应为 $FeY^- + H^+ + e^- =\!=\!= FeHY^-$。则：

$$\varphi = (\varphi^{\ominus} + b') + \frac{2.303RT}{F}\lg\frac{c_{FeY^-}}{c_{FeHY^-}} - \frac{2.303RT}{F}pH$$
$$= (\varphi^{\ominus} + b') + \frac{2.303RT}{F}\lg\frac{c^0_{Fe^{3+}}}{c^0_{Fe^{2+}}} - \frac{2.303RT}{F}pH \tag{5}$$

在 $c^0_{Fe^{3+}}/c^0_{Fe^{2+}}$ 不变时，φ 与 pH 呈线性关系。如图 1 中的 ab 段，其斜率为 $-2.303RT/F$。

同样，在较高 pH 值时，有 $Fe(OH)Y^{2-} + e^- =\!=\!= FeY^{2-} + OH^-$，相应的电极电位为：

$$\varphi = \left(\varphi^{\ominus} + b'' - \frac{2.303RT}{F}\lg K_w\right) + \frac{2.303RT}{F}\lg\frac{c_{Fe(OH)Y^{2-}}}{c_{FeY^{2-}}} - \frac{2.303RT}{F}pH$$
$$= \left(\varphi^{\ominus} + b'' - \frac{2.303RT}{F}\lg K_w\right) + \frac{2.303RT}{F}\lg\frac{c^0_{Fe^{3+}}}{c^0_{Fe^{2+}}} - \frac{2.303RT}{F}pH \tag{6}$$

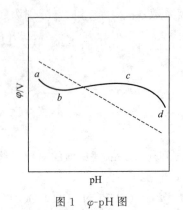

图 1 φ-pH 图

式中，K_w 为水的离子积，定温下为常数。在 $c_{Fe^{3+}}^0 / c_{Fe^{2+}}^0$ 不变时，φ 与 pH 呈线性关系。如图 1 中的 cd 段，其斜率为 $-2.303RT/F$。

电位-pH 图对解决在水溶液中发生的一系列反应及平衡问题（例如元素分离，湿法冶金，金属防腐方面），得到广泛应用。例如天然气中含有 H_2S，它是有害物质。利用 Fe^{3+}-EDTA 溶液可以将天然气中的硫氧化为元素硫除去，溶液中 Fe^{3+}-EDTA 络合物被还原为 Fe^{2+}-EDTA 络合物；通入空气可使低铁络合物被氧化为 Fe^{3+}-DETA 络合物，使溶液得到再生，不断循环使用。Fe^{3+}/Fe^{2+}-EDTA 络合体系的电位-pH 曲线可以帮助我们选择较合适的脱硫条件。其反应如下：

$$2FeY^- + H_2S \xrightarrow{\text{脱硫}} 2FeY^{2-} + 2H^+ + S\downarrow$$

$$2FeY^{2-} + \frac{1}{2}O_2 + H_2O \xrightarrow{\text{脱硫}} 2FeY^- + 2OH^-$$

只要将体系（Fe^{3+}/Fe^{2+}-EDTA）用惰性金属（Pt 丝）作导体组成一电极，并且与另一参比电极组合成电池，测定该电池的电动势，即可求得体系的电极电位。与此同时采用酸度计测定出相应条件下的 pH 值，从而可绘制出 φ-pH 曲线。

三、仪器与试剂

电位差计（或数字电压表）1 台；数字式 pH 计 1 台；恒温水浴 1 台；电子天平（感量 0.01g）1 台；夹套瓶（200mL，1 只）；电磁搅拌器 1 台；饱和甘汞电极 1 支；复合电极 1 支；铂电极 1 支；滴管 2 支。

$FeCl_3 \cdot 6H_2O$；$(NH_4)_2Fe(SO_4)_2$；EDTA 二钠盐二水化合物；HCl；NaOH；氮气。

四、实验步骤

1. 按照要求，连接实验装置。见图 2。

2. 开启恒温水浴，控制温度在（25.0±0.1）℃或（30.0±0.1）℃。

3. 配制溶液：先将反应器充约 1/3 蒸馏水，用天平迅速称取 0.86g $FeCl_3 \cdot 6H_2O$，1.16g $(NH_4)_2Fe(SO_4)_2$，倾入夹套瓶；称取 3.50g EDTA 二钠盐二水化合物，先用少量蒸馏水溶解，倾入夹套瓶中，在迅速搅拌的情况下缓慢滴加 2% NaOH 溶液直至瓶中溶液 pH 值达到 8 左右，注意避免局部生成 $Fe(OH)_3$ 沉淀。通入氮气将空气排尽。

4. 将复合电极、甘汞电极、铂电极分别插入反应容器盖子上三个孔，浸于液面下。

5. 将复合电极的导线接到 pH 计上，测定溶液的 pH 值，然后将铂电极、甘汞电极接在数字电压表的"＋"、"－"两端，测定两极间的电动势，此电动势是相

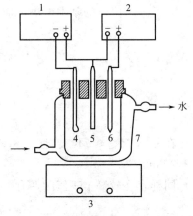

图 2 电位-pH 测定装置图

1—酸度计；2—电位差计；3—电磁搅拌器；4—复合电极；5—饱和甘汞电极；6—铂电极；7—反应器

对于饱和甘汞电极的电极电位。用滴管从反应容器的第四个孔（即氮气出气口）滴入少量 $2mol \cdot dm^{-3}$ HCl 溶液，改变溶液 pH 值，每次约改变 0.3，同时记录电极电位和 pH 值，直至溶液出现浑浊，停止实验。

五、数据处理

1. 用表格形式记录所得的电动势 E 和 pH 值。将测得的相对于饱和甘汞电极的电极电位换算至相对标准氢电极的电极电位 φ。

已知甘汞电极与温度的关系为：$\varphi_{饱和甘汞} = 0.24240 - 7.6 \times 10^{-4}$ $(T/℃-25)$ (V)

2. 绘制 Fe^{3+}/Fe^{2+}-EDTA 体系的电位 φ-pH 曲线，由曲线确定 FeY^- 和 FeY^{2-} 稳定存在的 pH 范围。

六、思考题

1. 写出 Fe^{3+}/Fe^{2+}-EDTA 体系在电位平台区的基本电极反应及对应的 Nernst 公式。

2. 复合电极有何优缺点？其使用注意事项是什么？

实验 33　氢超电位的测定

一、实验目的

1. 掌握用三电极法测定不可逆电极过程的电极电位。
2. 理解超电位及极化曲线的概念。

二、实验原理

某个氢电极，当它没有通电流前，氢离子与氢分子处于平衡状态，此时的电极电位是平衡电位，用 $\varphi_{可逆}$（或 $\varphi_{平}$）表示。当有外加电流通过时，阴极上氢离子不断反应生成氢分子，因而电极电位随着电流的增大越来越偏离平衡电位，成为不可逆电极电位，用 $\varphi_{不可逆}$ 表示。在有电流通过电极时，电极电位偏离平衡电位的现象称为电极的极化。通常又把某一电流或电流密度（电流密度就是单位电极面积所通过的电流）下的电位 $\varphi_{不可逆}$ 与 $\varphi_{平}$ 之间的差值称为超电位。由于超电位的存在，在实际电解时要使正离子在阴极上析出，外加于阴极的电位必须比可逆电极的电位更低一些。电极上发生一系列过程都要克服各种阻力（或势垒），消耗一定的能量。电解时电流密度越大，超电位越大，则外加电压也要增大，所消耗的能量也就越多。影响超电位的因素很多，如电极材料，电极的表面状态，电流密度，温度，电解质的性质、浓度及溶液中的杂质等。测定氢超电位实际上就是测定电极上不同的电流密度下所对应的不同电极电位。然后从电流（或电流密度）与电极电位的关系就能得到一条关系曲线，称为极化曲线。正常的极化曲线如图 1 所示。

氢超电位与电流密度间的定量关系可用塔菲尔经验公式表示：

$$\eta = a + b\ln j$$

式中，j 是电流密度；a，b 是常数。常数 a 是电流密度 j 等于 $1A \cdot cm^{-2}$ 时的超电位值。b 的数值对于大多数的金属来说都相差不多，在常温下接近 $0.05V$。如用以 10 为底的

对数则 b 值为 0.116V。公式中 a 的数值愈大氢超电位也愈大，其不可逆程度也愈大。b 的数值可通过 η 与 $\ln j$ 的关系作图，其斜率就是 b 的数值。

测量极化曲线有两种方法：控制电流法与控制电位法（也称恒电流法与恒电位法）。控制电位法是通过改变研究电极的电极电位，然后测量一系列对应于某一电位下的电流值。由于电极表面状态在未建立稳定状态前，电流会随时间改变，故一般测出的曲线为"暂态"极化曲线。本实验采用控制电位法测量极化曲线：控制电极电位以较慢的速度连续改变，并测量对应该电位下的瞬时电流值，以瞬时电流对电极电位作图得极化曲线。外推可得 H_2 在铂电极上的析出电位（如图 2 所示）。

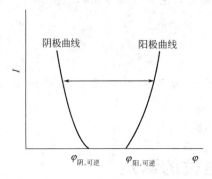

图 1 电解池的极化曲线

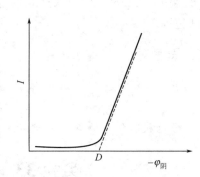

图 2 阴极极化曲线

氢在铂电极上的析氢电极超电位通常采用三电极法。辅助电极的作用是与研究电极构成回路，通过电流，借以改变研究电极的电位。参比电极与研究电极组成电池，恒电位仪测定其电位差。

三、仪器与试剂

恒电位仪一台；甘汞电极一支；铂电极两支；鲁金毛细管-盐桥一只；250mL 烧杯 2 个。

0.5mol·L^{-1} H_2SO_4 溶液；饱和 KCl 溶液。

四、实验步骤

1. 制备盐桥：将鲁金毛细管-盐桥中部活塞小孔对准毛细管一端，用吸耳球吸取待测液润洗三次后将溶液充满（注意观察不要产生气泡），然后将小孔旋在两道口的正中；依次用蒸馏水、饱和 KCl 清洗三次后滴加饱和 KCl 即可。

2. 连接好实验装置（图 3），电解池中放入适量 0.5mol·L^{-1} H_2SO_4 电解液。打开恒电位仪预热。

3. 根据说明书及实验要求设置好相应旋钮，用恒电位法测量极化电压和电流数据。

4. 实验完毕后，关闭电源。

五、数据处理

1. 绘制极化曲线；由图确定 H_2 的析出电位。

2. 按照 $\eta \approx |\varphi_{研究} - \varphi_{开路}|$ 计算氢超电位，并以 η-$\lg j$ 作图拟合确定塔非尔公式。

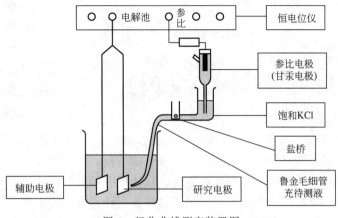

图 3　极化曲线测定装置图

六、思考题

1. 在测量极化曲线时为什么要用三个电极？各起什么作用？
2. 塔菲尔经验公式对任何电极的超电位都适用吗？

实验 34　电动势法测定化学反应的热力学函数变化值

一、实验目的

1. 掌握对消法测量电动势的原理和电位差综合测试仪的使用方法。
2. 测定可逆电池在不同温度下的电动势值。
3. 通过电动势和温度系数计算化学反应的热力学函数变化值。

二、实验原理

　　凡是能使化学能转变为电能的装置都称之为电池（或原电池）。可逆电池是一个热力学的概念。电池中的过程以可逆方式进行时，电池为可逆电池。具体而言，可逆电池必须具备的条件是：①电池反应必须可逆，原电池所进行的反应恰是电解池所进行反应的逆反应，这就是说电池反应可向正、逆两个方向进行；②电池在充放电时，通过的电流必须无限小。有很多电池，如日用干电池，都不是可逆电池。

　　在恒温恒压条件下，可逆电池反应的摩尔吉布斯函数的变化值 $\Delta_r G_m$ 与电池电动势 E 有如下关系：

$$\Delta_r G_m = -zEF \tag{1}$$

这就是原电池热力学的基本式（在标准状态下则为 $\Delta_r G_m^\ominus = -zE^\ominus F$）；由电动势 E 及其随温度变化率 $\left(\dfrac{\partial E}{\partial T}\right)_p$（又称为电池的温度系数）可求得：

$$\Delta_r S_m = -\left(\frac{\partial \Delta_r G_m}{\partial T}\right)_p = zF\left(\frac{\partial E}{\partial T}\right)_p \tag{2}$$

由 $\Delta_r H_m = \Delta_r G_m + T\Delta_r S_m$ 可得到：

$$\Delta_r H_m = -zEF + zFT\left(\frac{\partial E}{\partial T}\right)_p \tag{3}$$

又电池反应是在等温可逆条件下进行的，$Q_R = T\Delta_r S_m$，故：

$$Q_R = zFT\left(\frac{\partial E}{\partial T}\right)_p \tag{4}$$

G、H、S 是状态函数，反应无论是在可逆电池中还是在通常的化学反应中，$\Delta_r G_m$、$\Delta_r S_m$、$\Delta_r H_m$ 数值相同，与反应是否做电功无关，且它们的大小与化学方程式写法有关。热力学所研究的过程大多都是针对平衡状态下进行的过程，即可逆过程。应用热力学原理分析电池的性质时，必须首先明确电池的可逆性。在计算中可根据电池的电动势计算电池内发生的化学反应的热力学数据；反之也可利用热力学数据计算电池的电动势。衡量电池性能高低的特征量是 E，而原电池中总的效应是发生了电池反应。欲求得某个化学反应的一些热力学函数变化值，可以将该化学反应设计成在可逆电池中进行，设计时一定要遵守可逆电池的 2 个条件。另外如果电池中有两种溶液接触，必须使用盐桥以降低液体接界电位（即液接电位）。

在一定外压下，用对消法测定所设计的电池在不同温度下的电动势（见电池电动势的测定和溶度积的测定实验），即可根据式（1）求得电池反应的 $\Delta_r G_m$，并可根据不同温度时的电动势值求得 $(\partial E/\partial T)_p$，再根据式（2）～式（4）分别求得该电池反应的 $\Delta_r S_m$、$\Delta_r H_m$ 及 Q_R。

本实验测定反应 $Zn(s) + 2AgCl(s) = Zn^{2+} + 2Cl^- + 2Ag(s)$ 的一些热力学函数变化值。为此，将反应设计成如下的可逆电池：

$$Zn | ZnSO_4(0.1mol \cdot L^{-1}) \| KCl(0.1mol \cdot L^{-1}) | AgCl(s) | Ag(s)$$

该电池中正极为银-氯化银电极，负极为锌电极。两个电极的电极反应分别为：

正极：$2AgCl(s) + 2e^- \longrightarrow 2Ag(s) + 2Cl^-(aq)$

负极：$Zn(s) - 2e^- \longrightarrow Zn^{2+}(aq)$

该电池电动势 $E = \varphi^+ - \varphi^- = \varphi^{\ominus}_{Ag/AgCl} - \varphi^{\ominus}_{Zn^{2+}/Zn} - \dfrac{RT}{2F}\ln a_{ZnCl_2}$

测定出该电池在不同温度下的电动势，作 E-T 图，从曲线斜率可求得任一温度下的 $(\partial E/\partial T)_p$，进而求得某温度下反应的 $\Delta_r G_m$、$\Delta_r S_m$、$\Delta_r H_m$ 和 Q_R。化学反应的热效应可以用量热计直接量度，也可以用电化学方法来测定。由于电池的电动势可以测定得很准，因此所得数据较热化学方法所得的结果可靠。通过测定原电池的可逆电动势，可以求得电池反应的各种热力学函数的变化值。

三、仪器与试剂

数字电位差综合测试仪；超级恒温水浴；恒温夹套杯；KCl 盐桥；银-氯化银电极；Zn 片。

$ZnSO_4$（$0.1mol \cdot L^{-1}$）溶液；KCl（$0.1mol \cdot L^{-1}$）溶液。

四、实验步骤

1. 锌电极制备

将厚约 0.25mm 的锌片剪成 10mm×40mm 的条形，将其焊接在直径约 3mm 的铜导线顶端；使用锌电极时用细砂纸、去污粉去除其表面污垢，用稀盐酸去除表面氧化物，用蒸馏水清洗干净。

2. 电池组装

用橡皮塞固定 Ag/AgCl 电极和锌电极，在大试管中加入 $ZnSO_4$（$0.1mol \cdot L^{-1}$）-KCl（$0.1mol \cdot L^{-1}$）电解液，电极浸没约 2/3，以避免组装时正负极短路，制作的电池如图 1 所示。

3. 测定不同温度下的电动势

将电池固定在恒温水浴中，待温度稳定后用数字电位差综合测试仪测定电动势。温度在 15～35℃ 范围内，每隔 5℃ 测定一组数据。

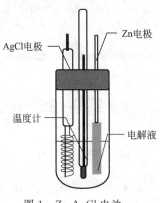

图 1   Zn-AgCl 电池

五、数据处理

1. 将实验温度和测定的电动势数据列表。

2. 作 E-T 图，从曲线斜率可求得 298K 温度下的 $(\partial E/\partial T)_p$。

3. 利用式(1)～式(4)，求得 298K 下该电池反应的 $\Delta_r G_m$、$\Delta_r S_m$、$\Delta_r H_m$ 和 Q_R。

六、思考题

1. 若电池的极性接反了有什么后果？

2. 反应在电池中进行时，要产生电功，此时为什么还可以用来求一些热力学函数的变化值？

3. 本电池的电动势与 KCl 溶液的浓度是否有关？为什么？

第4章 表面及胶体

实验 35 电导法测定表面活性剂的临界胶束浓度

一、实验目的

1. 了解表面活性剂的分类。
2. 掌握电导法测定临界胶束浓度的方法。
3. 测定十二烷基硫酸钠的临界胶束浓度。

二、实验原理

由含有亲油的足够长的（大于 $10\sim12$ 个碳原子）烃基和亲水的极性基团（通常是离子化的）的"两亲"分子组成的物质称为表面活性剂。如肥皂和各种合成洗涤剂等。

若按离子的类型分类，表面活性剂可分为两类。第一类为离子型表面活性剂，包括阴离子型表面活性剂（如肥皂，十二烷基硫酸钠，十二烷基苯磺酸钠等）、阳离子型表面活性剂（如十二烷基二甲基叔胺和十二烷基二甲基氯化铵）和两性型表面活性剂（如十二烷基氨基丙酸）。第二类为非离子型表面活性剂（如聚氧乙烯醚类）。

表面活性剂进入水中，在低浓度时呈分子状态，并且三三两两地向亲油基团靠拢，当表面活性剂的浓度增大到一定值时，表面活性剂离子或分子将会发生缔合，形成胶束。形成胶束所需表面活性剂的最低浓度，称为该表面活性剂的临界胶束浓度，以 cmc （critical micelle concentration）表示，它可视作是表面活性剂溶液表面活性的一种量度。

严格地说，临界胶束浓度并非一个点，有一定的幅度。在临界胶束浓度这个窄小的浓度范围前后，溶液的许多物理化学性质如表面张力、蒸气压、渗透压、电导率、增溶作用、去污能力、光学性质等都会发生很大的变化，相关性质数值同浓度的关系曲线出现明显的转折，这是测定临界胶束浓度的实验依据，也是表面活性剂的一个重要特性。只有在表面活性剂的浓度稍高于其临界胶束浓度时，才能充分发挥作用（润湿、乳化、去污、发泡等）。原则上，表面活性剂溶液随浓度变化的物理化学性质都可用来测定其临界胶束浓度，常用的有如下几种方法。

1. 表面张力法

表面活性剂溶液的表面张力 γ 随其浓度的增大而下降，在 cmc 处出现转折。因此，可通过测定表面张力作 γ-$\lg c$ 图确定其 cmc 值。此法对离子型和非离子型表面活性剂都适用。

2. 染料法

利用某些染料的生色有机离子或分子吸附在胶束上，而使其颜色发生明显变化的现象来

确定 cmc 值。只要染料合适，此法非常简便。亦可借助于分光光度计测定溶液的吸收光谱来进行确定。适用于离子型、非离子型表面活性剂。

3. 增溶作用法

利用表面活性剂溶液对物质的增溶作用随其浓度的变化来确定 cmc 值。

4. 电导法

通过测定阴离子型表面活性剂溶液的电导率来确定 cmc 值。此法只适用于离子型表面活性剂。

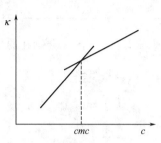

图1 表面活性剂溶液电导率与浓度的关系

表面活性剂溶液，较稀时的电导率 κ、摩尔电导率 Λ_m 随浓度的变化规律和强电解质是一样的，但是，随着溶液中胶束的形成（此后的溶液称为缔合胶体或胶体电解质），电导率和摩尔电导率均发生明显的变化。利用离子型表面活性剂水溶液电导率随浓度的变化关系，以电导率（κ）对浓度（c）作图，由曲线上的转折点求出其 cmc 值（见图1）。

本实验采用电导法，通过测定阴离子型表面活性剂溶液的电导率来确定 cmc 值。

三、仪器与试剂

DDS-12DW 型电导率仪1台；分析天平1台；移液管（50mL）2支；100mL 烧杯2个；1mL、5mL、20mL 吸管各1支。

十二烷基硫酸钠（$C_{12}H_{25}SO_4Na$，分析纯）。

四、实验步骤

1. 精确配制 $0.020 mol \cdot L^{-1}$、$0.010 mol \cdot L^{-1}$ 和 $0.002 mol \cdot L^{-1}$ 十二烷基硫酸钠溶液各 100mL。

2. 打开电导率仪，进行 CAL，CEL，COE 等参数设定。

3. 移取 $0.002 mol \cdot L^{-1} C_{12}H_{25}SO_4Na$ 溶液 50mL，放入干燥的 $1^{\#}$ 烧杯中。插入电极，搅拌，测定电导率值。然后，依次滴入 $0.020 mol \cdot L^{-1}$ 的 $C_{12}H_{25}SO_4Na$ 溶液 1mL、4mL、5mL、5mL、5mL，充分搅拌后分别测定电导率值。

4. 取出电极和温度传感器，用蒸馏水淋洗，吸干（注意保护电极上的铂黑）。

5. 另取 $0.010 mol \cdot L^{-1} C_{12}H_{25}SO_4Na$ 溶液 50mL，放入 $2^{\#}$ 烧杯中，测量电导率值。然后，依次滴入 $0.020 mol \cdot L^{-1}$ 的 $C_{12}H_{25}SO_4Na$ 溶液 8mL、10mL、10mL、15mL，充分搅拌后分别测定电导率值。

6. 实验结束后，关闭电源，取出电极，用蒸馏水淋洗干净，按照要求保存。

五、数据处理

1. 计算不同浓度 $C_{12}H_{25}SO_4Na$ 溶液的浓度 c，将计算结果和测定的电导率列入表1。

表1 溶液电导率测定结果

项　目	1号烧杯						2号烧杯				
实验次数	1	2	3	4	5	6	1	2	3	4	5
滴入溶液体积/mL	0	1	4	5	5	5	0	8	10	10	15

项 目	1号烧杯						2号烧杯				
溶液总体积/mL	50	51	55	60	65	70	50	58	68	78	93
$c/mol \cdot L^{-1}$											
电导率 $\kappa/\mu S \cdot cm^{-1}$											

2. 作 κ-c 图，分别在曲线的延长线交点上确定出 $C_{12}H_{25}SO_4Na$ 溶液的 cmc 值。

六、思考题

1. 表面活性剂临界胶束浓度 cmc 的意义是什么？
2. 在本实验中，采用电导法测定 cmc 可能影响的因素有哪些？

实验 36　溶液吸附法测定硅胶比表面

一、实验目的

1. 了解溶液吸附法测比表面的原理。
2. 掌握亚甲基蓝染料水溶液吸附法测定微球硅胶比表面的方法。

二、实验原理

比表面（1g 固体物质所具有的总表面积）是粉末多孔性物质的一个重要特征参数，它在催化、色谱、环保、纺织等许多生产和科研部门有着广泛的应用。

本实验是利用亚甲基蓝染料水溶液吸附法测定微球硅胶的比表面，因为亚甲基蓝在所知的染料中具有最大的吸附倾向，可被大多数固体物质所吸附，在一定的条件下为单分子层吸附，即符合朗格缪尔吸附等温式。

根据单分子层吸附理论，当吸附达到饱和时，吸附质分子铺满整个吸附表面而不留空位，此时 1g 吸附剂吸附吸附质分子所占的表面积，等于所吸附吸附质的分子数与每个分子在表面层所占面积的乘积。

$$S = \frac{\Delta m N_A A}{Mm} \tag{1}$$

式中，S 为比表面，$cm^2 \cdot g^{-1}$；A 为亚甲基蓝分子平均截面积，$81.3 \times 10^{-16} cm^2$；$M$ 为亚甲基蓝的摩尔质量（$319.86g \cdot mol^{-1}$）；N_A 为阿伏加德罗常数；m 为硅胶的质量，g；Δm 为硅胶饱和吸附时亚甲基蓝的质量，g。

本实验的关键是测定 Δm，所测试样的 Δm 不能太小（即比表面不能太小），否则误差较大，也就是说本方法测定比表面较大的试样所得结果较为满意。

亚甲基蓝水溶液在可见光区有两个吸收峰（445nm 和 665nm）。用分光光度计测吸附前后溶液吸光度变化，按下式计算硅胶饱和吸附时亚甲基蓝的质量（g）：

$$\Delta m = (c_0 - c)V \times 10^{-3} \tag{2}$$

式中，c_0 为吸附前溶液的浓度，$mg \cdot mL^{-1}$；c 为吸附达单层饱和后溶液浓度，$mg \cdot mL^{-1}$；V 为溶液的体积，mL。

三、仪器与试剂

分光光度计；水浴振荡器；100mL 容量瓶 8 个；100mL 碘量瓶 1 个；25mL、50mL 移液管各 1 支；10mL 吸管 1 支。

0.50mg·mL^{-1} 亚甲基蓝储备液；微球硅胶。

四、实验步骤

1. 比表面的测定

（1）配制浓度为 0.05mg·mL^{-1} 的亚甲基蓝溶液，准确量取浓度为 0.5mg·mL^{-1} 亚甲基蓝储备液 10mL 加到 100mL 容量瓶中，用水稀释至刻度，摇匀。

（2）取上步配制的溶液 50mL 置于碘量瓶中，再加入准确称量的 50mg 硅胶，加盖后振荡 0.5h，吸取该液 25mL 于另一个 100mL 容量瓶中，用水稀释至刻度，摇匀，在分光光度计上测其吸光度。

2. 标准工作曲线的绘制

分别吸取浓度为 0.5mg·mL^{-1} 的亚甲基蓝储备液 1mL、2mL、3mL、4mL、5mL、6mL 于 100mL 容量瓶中，用蒸馏水稀释至刻度，摇匀，得不同浓度的标准液，在分光光度计上测定吸光度，最大吸收波长为 655nm（或 445nm）。

五、数据处理

1. 工作曲线的绘制。把用于测定工作曲线的溶液吸光度列于表 1。

表 1　标准液吸光度

亚甲基蓝储备液体积/mL	1.00	2.00	3.00	4.00	5.00	6.00
亚甲基蓝标准液浓度/mg·L^{-1}	5	10	15	20	25	30
吸光度						

根据表 1 以标准液浓度为横坐标，吸光度为纵坐标绘制标准工作曲线。

2. 计算硅胶饱和吸附时亚甲基蓝的质量。

（1）计算待测液吸附后的浓度。根据测出的吸光度，从标准曲线中查出对应浓度 c'，再根据公式 $c = (100/25)c'$ 换算成吸附后未稀释时的浓度 c。

（2）根据公式（2）计算 Δm。

3. 用公式（1）计算硅胶的比表面。

六、思考题

1. 吸附后的溶液为什么要再稀释后才进行测定？
2. 公式（1）应用的条件是什么？

实验 37　活性炭比表面的测定

一、实验目的

1. 了解朗格缪尔单分子层吸附理论。

2. 了解溶液法测定比表面积的基本原理。

3. 测定活性炭的比表面。

二、实验原理

固体在溶液中既可吸附溶质，也可吸附溶剂，吸附情况很复杂，至今没有一个完整的理论。其中起吸附作用的物质称为吸附剂，被吸附的物质称为吸附质。吸附剂吸附能力的大小常用吸附量 Γ（通常指每克吸附剂吸附溶质的物质的量）表示。一定温度下吸附量和平衡浓度关系曲线称为吸附等温线。吸附剂具有较大的表面积，单位质量的固体所具有的表面积（$m^2 \cdot g^{-1}$）称为该固体的比表面。测定固体比表面的方法很多，本实验采用溶液吸附法。

朗格缪尔根据大量实验事实，提出固体对气体的单分子层吸附理论，认为固体表面的吸附作用是单分子层吸附，即吸附剂一旦被吸附质占据之后，就不能再吸附；固体表面是均匀的，各处的吸附能力相同，吸附热不随覆盖程度而变，被吸附在固体表面上的分子，相互之间无作用力；吸附平衡是动态平衡。

在一定温度下，固体在一些溶液中的吸附与固体对气体的吸附很相似，可以用朗格缪尔吸附理论来处理。单分子层吸附中的朗格缪尔吸附公式为：

$$\Gamma = \Gamma_\infty \frac{cK}{1+cK} \tag{1}$$

式中，Γ_∞ 为饱和吸附量，即吸附剂表面被吸附质铺满单分子层时的吸附量（$mol \cdot g^{-1}$）；c 为平衡浓度（$mol \cdot L^{-1}$）；K 是常数，也称吸附系数。

将（1）式整理可得：

$$\frac{c}{\Gamma} = \frac{1}{\Gamma_\infty K} + \frac{1}{\Gamma_\infty} c \tag{2}$$

以 c/Γ 对 c 作图为直线，由直线的斜率可求得 Γ_∞。按照朗格缪尔单分子层吸附的模型，并假定吸附质分子在吸附剂表面上是直立的，当已知每个溶质分子所占的面积为 A 时，则吸附剂的比表面可按下式计算得到：

$$S = \Gamma_\infty \times N_A \times A \tag{3}$$

式中，S 为吸附质的比表面，$m^2 \cdot g^{-1}$；N_A 为阿伏加德罗常数，$6.02 \times 10^{23} mol^{-1}$；$A$ 为单个吸附质分子的横截面积，m^2。

本实验测定活性炭的比表面。在一系列已知浓度的醋酸溶液中，加入一定质量的活性炭，当达到吸附平衡时，用滴定法测定剩余溶液醋酸浓度，通过公式（4）可计算出吸附量：

$$\Gamma = (c_0 - c)V/m \tag{4}$$

其中 Γ，为吸附量，$mol \cdot g^{-1}$；c_0 和 c 分别为吸附前和吸附平衡时醋酸溶液的浓度，$mol \cdot L^{-1}$；V 为吸附所用的溶液体积，L；m 为活性炭质量，g。

根据公式（2），以 c/Γ 对 c 作图为直线，由直线的斜率可求得 Γ_∞。又已知每个醋酸分子所占的面积为 $0.243 \times 10^{-18} m^2$。代入公式（3）可得活性炭比表面：

$$S = 1.46 \times 10^5 \times \Gamma_\infty \tag{5}$$

需要注意的是，如此计算出的比表面往往要比实际数值小一些。这主要是因为忽略了界面上被溶剂占据的部分；另外吸附剂表面上有小孔，溶质分子无法进入。但这种方法测定时操作简便，又不要特殊仪器，是了解固体吸附剂性能的一种简便方法。

三、仪器与试剂

水浴振荡器 1 台，带塞锥形瓶（125mL）7 只，移液管（25mL、5mL、10mL）各 1 支，碱式滴定管 1 支，电子天平 1 台，称量瓶 1 个。

NaOH 标准溶液（0.1000mol·L^{-1}），醋酸标准溶液（0.4000mol·L^{-1}），活性炭，酚酞指示剂。

四、实验步骤

1. 根据表 1，用移液管取一定体积的标准醋酸溶液，分别加入到 6 个干燥的 125mL 具塞锥形瓶中，再加一定体积的蒸馏水，配制总体积为 50mL 醋酸溶液，盖好瓶塞。

2. 将在 120℃下烘干好的活性炭放入称量瓶中，在分析天平上用差减法称取活性炭各约 1g，放于锥形瓶中，塞好瓶塞，放入水浴振荡器中，在设定温度下振荡 1h。

3. 吸附完成后，关闭水浴振荡器电源。按照表 1 给定的量，从上述锥形瓶中取一定体积的醋酸溶液，加入到另一只空的锥形瓶中，以酚酞为指示剂，用标准碱溶液滴定至终点。

4. 实验完成后，回收活性炭，清洗玻璃仪器。

五、实验记录与处理

1. 将测定数据和计算结果列入表 1。

表 1　比表面测定数据及计算结果（吸附温度：　　）

锥形瓶编号	1	2	3	4	5	6
取 HAc 标液体积/mL	50	25	15	7.5	4	2
加水体积/mL	0	25	35	42.5	46	48
活性炭质量 m/g						
HAc 初始浓度 c_0/mol·L^{-1}						
滴定时取样体积/mL	5	10	20	20	20	20
滴定耗碱量/mL						
HAc 平衡浓度 c/mol·L^{-1}						
Γ/mol·g^{-1}						
(c/Γ)/g·L^{-1}						
$(1/c)$/L·mol^{-1}						

2. 作吸附量 Γ 对平衡浓度 c 的吸附等温线。

3. 作 c/Γ-c 图，并由直线斜率得 Γ_∞。

4. 计算活性炭的比表面 S。

六、思考题

1. 如何判定吸附已经到达到平衡？

2. 讨论本实验中引入误差的主要因素？

实验 38　溶液表面张力的测定

一、实验目的

1. 掌握最大气泡法测定表面张力的原理。
2. 测定不同浓度乙醇水溶液的表面张力。
3. 计算吸附量与浓度的关系。

二、实验原理

界面是指两相接触的约几个分子厚度的过渡区。当接触的两相中有一相为气体时，界面又称为表面。在两相界面上，处处存在着一种张力，它垂直于界面的边界并与表面相切，把作用于单位边界线上的这种力称为表面张力，用 γ 表示，单位是 $N \cdot m^{-1}$。分子间相互作用力、温度、压力等因素对表面张力都有影响。

在定温、定压下纯液体的表面张力为定值。在纯溶剂中加入溶质形成溶液时，表面张力发生变化，其变化的大小决定于溶质的性质和加入溶质量的多少。形成的溶液看起来非常均匀，实际上表面一薄层的浓度总是与内部不同。如果溶质能降低表面张力，则溶质力图浓集在表面层以降低系统的表面能，表面层中溶质的浓度比溶液内部大；反之，溶质使表面张力升高时，它在表面层中的浓度比在内部的浓度低。与此同时，由于浓差引起的扩散，则趋向于使溶液中各部分浓度均一。当两种相反的过程达到平衡后，溶液表面层的组成和本体溶液的组成是不同的。这种表面浓度与内部浓度不同的现象叫做溶液的表面吸附。把单位面积的表面层中所含溶质物质的量与具有相同数量的溶剂在本体溶液中所含溶质物质的量之差称为表面超量（或表面吸附量）。在指定的温度和压力下，在稀溶液中，表面超量 Γ 与溶液的表面张力 γ 及溶液的浓度 c 之间的关系遵守吉布斯（Gibbs）吸附公式：

$$\Gamma = -\frac{c}{RT}\left(\frac{\mathrm{d}\gamma}{\mathrm{d}c}\right)_T \tag{1}$$

式中，Γ 为表面超量，$mol \cdot m^{-2}$；γ 为表面张力，$N \cdot m^{-1}$；c 为吸附达到平衡时溶液的浓度，$mol \cdot L^{-1}$。当 $\Gamma > 0$ 时称为正吸附；当 $\Gamma < 0$ 时称为负吸附。从式(1) 中可看出，只要知道溶液的浓度 c 并测出其表面张力 γ 就可以求得各种浓度下的表面超量 Γ。

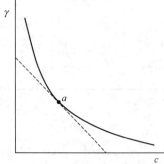

图 1　不同浓度溶液的表面张力

表面张力的测定是应用最大气泡压力法。测出一系列不同浓度溶液的表面张力，绘制 γ-c 曲线（图 1），在曲线上的 a 点作切线，切线斜率为 $\left(\frac{\mathrm{d}\gamma}{\mathrm{d}c}\right)_T$，由此可以计算出相应于 a 点浓度溶液的 Γ。

若在溶液表面上的吸附是单分子层吸附，有朗格缪尔单分子层吸附等温式：

$$\Gamma = \Gamma_\infty \frac{Kc}{1+Kc} \tag{2}$$

式中 Γ_∞ 为溶液单位表面上全盖满单分子吸附层的饱和吸附量；K 为吸附常数。

把式（2）整理得：

$$\frac{c}{\Gamma} = \frac{c}{\Gamma_\infty} + \frac{1}{K\Gamma_\infty} \tag{3}$$

从式（3）可知 $\frac{c}{\Gamma}$ 对 c 作图，得一直线，其斜率为 $\frac{1}{\Gamma_\infty}$，由此可得到饱和吸附量。

表面张力的测定方法很多，本实验采用最大气泡法。图 2 是最大气泡压力法测表面张力的装置示意图。将毛细管的端面与液面相切，液面即沿毛细管上升，打开抽气瓶的活塞，让水缓慢地滴下，使毛细管内溶液受到的压力比样品管中液面上来得大。当此压力差在毛细管端面上产生的作用力稍大于毛细管口液体的表面张力时，毛细管内液面会下降，直到在毛细管端面形成一个气泡，随着压力变化，气泡半径逐渐增大，当气泡成半球形时，曲率半径与毛细管半径相等。如果气泡再变大，就会从毛细管口逸出。因此曲率半径等于毛细管半径时，对应的压力就是附加压力，也就是数字压力计上显示的最大值 Δp。

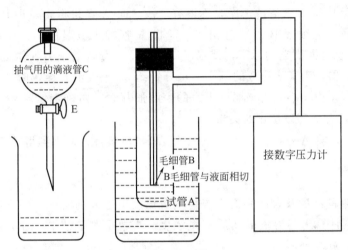

图 2　表面张力测定装置示意图

根据附加压力计算公式：

$$p_s = \frac{2\gamma}{R'} \tag{4}$$

式中，γ 为表面张力；R' 为曲率半径。

当数字压差计上的读数最大时 $\Delta p = p_s$，且毛细管半径 R 和曲率半径 R' 相等，代入上式整理得：

$$\gamma = \frac{R}{2}\Delta p = k\Delta p \tag{5}$$

对于同一支毛细管来说，式中 k 值为一常数，称为毛细管常数或仪器常数，需要用表面张力已知的液体来测定。例如已知在该温度下水的表面张力 γ_0，测得最大压力读数为 Δp_0，则 $k = \gamma_0/\Delta p_0$。于是待测溶液的表面张力：

$$\gamma = \gamma_0 \frac{\Delta p}{\Delta p_0} \tag{6}$$

实验中，先测定纯水对应的最大压力，再测出一系列不同浓度溶液对应的最大压力，可以求得各浓度溶液的表面张力，绘制 γ-c 曲线，在指定浓度对应的点处做切线，切线斜率为

$\dfrac{d\gamma}{dc}$，利用式（1）可以求得 Γ。然后根据式（3），以 $\dfrac{c}{\Gamma}$ 对 c 作图，用直线的斜率求得饱和吸附量。

三、仪器与试剂

表面张力测定仪 1 套；恒温槽 1 台；50mL 容量瓶 6 个。

无水乙醇（A.R）。

四、实验步骤

1. 溶液浓度的测定

在 50mL 容量瓶中分别加入 0.5mL、1.0mL、1.5mL、2.0mL、2.5mL、3.0mL 无水乙醇，加水至刻线，摇匀。

2. 仪器常数测定

事先将毛细管 B 和 A 管清洗干净，不得有油污。向 A 管和滴液漏斗中注入蒸馏水，使 A 管中的水面正好与毛细管 B 管端口相切，随将 A 管置于恒温槽中，在设定温度下恒温 10min，然后打开抽气瓶下端的活塞，使水慢慢滴出，因为 A 管上方气体压力减小，毛细管末端不断有气泡逸出，当气泡形成的频率（每分钟约 20 个气泡）稳定时，记录数字压力计的读数，即为 Δp_0。由文献查得该温度下水的表面张力 γ_0，可确定仪器常数 k。

3. 测定表面张力 γ 和浓度 c 的关系

用同样的方法，将 A 管中的水换成不同浓度的乙醇溶液，分别测得其相应的 Δp。

五、数据处理

1. 计算各溶液的浓度及表面张力。查得实验温度下乙醇的密度，根据在容量瓶中加入的无水乙醇体积，计算出各溶液的物质的量浓度。再根据测定结果，计算各溶液的表面张力，结果填入表 1 中。

表 1　表面张力测定数据

无水乙醇体积/mL	0.00	0.50	1.00	1.50	2.00	2.50	3.00
$c/\mathrm{mol \cdot L^{-1}}$	0						
$\Delta p/\mathrm{Pa}$							
$\gamma/\mathrm{N \cdot m^{-1}}$							

其中在实验温度下水的表面张力为查表数据。

2. 作 γ-c 的曲线。

3. 从 γ-c 曲线上取 6～8 个点，分别作出切线，求切线的斜率并计算吸附量（表 2）。

表 2　吸附量计算的相关数据

$c/\mathrm{mol \cdot m^{-3}}$							
$\gamma/\mathrm{N \cdot m^{-1}}$							
$d\gamma/dc/\mathrm{N \cdot mol^{-1} \cdot m^2}$							
$\Gamma/\mathrm{mol \cdot m^{-2}}$							
$c/\Gamma/\mathrm{m^{-1}}$							

4. 以 $\dfrac{c}{\Gamma}$ 对 c 作图，由直线的斜率求得饱和吸附量。

六、思考题

1. 影响本实验测量结果的主要因素有哪些？
2. 讨论吸附量、表面张力、溶液的浓度三者之间的关系。

实验 39   黏度法测定高分子化合物的分子量

一、实验目的

1. 掌握用乌氏黏度计测定黏度的原理和方法。
2. 测定聚乙烯基吡咯烷酮的黏均分子量。

二、实验原理

通常把分子量大于 10^4 的物质称为大分子或高分子。大分子化合物每个分子的大小并不一样，因而每种高分子化合物的分子量都具有一定的分布，要准确测定高分子分子量的分布，是一件极其复杂的工作。因此常采用高分子的平均分子量来反映高分子的某种特性。常用的平均分子量有不同的表示法，黏均分子量就是其中一种。

单体分子经加聚或缩聚过程便可合成高聚物。高聚物溶液由于其分子链长度远大于溶剂分子，液体分子有流动或相对运动时，会产生内摩擦阻力。内摩擦阻力越大，表现出来的黏度就越大，而且与聚合物的结构、溶液浓度、溶剂性质、温度以及压力等因素有关。聚合物溶液黏度的变化，一般采用下列有关的黏度量进行描述。

1. 黏度比（相对黏度）

用 η_r 表示。如果纯溶剂的黏度为 η_0，相同温度下溶液的黏度为 η，则：

$$\eta_r = \frac{\eta}{\eta_0} \tag{1}$$

2. 黏度相对增量（增比黏度）

用 η_{sp} 表示，是相对于溶剂来说，溶液黏度增加的分数：

$$\eta_{sp} = \frac{\eta - \eta_0}{\eta_0} = \eta_r - 1 \tag{2}$$

η_{sp} 与溶液浓度有关，一般随质量浓度的增加而增加。

3. 黏数（比浓黏度）

对高分子聚合物溶液，黏度相对增量往往随溶液浓度的增加而增大，因此常用其与浓度 c 之比来表示溶液的黏度，称为黏数，即：

$$\frac{\eta_{sp}}{c} = \frac{\eta_r - 1}{c} \tag{3}$$

4. 对数黏数（比浓对数黏度）

是黏度比的自然对数与浓度之比，即：

$$\frac{\ln\eta_r}{c} = \frac{\ln(1+\eta_{sp})}{c} \quad\quad (4)$$

单位为浓度的倒数，常用 $mL \cdot g^{-1}$ 表示。

5. 极限黏度（特性黏度）

定义为黏数 η_{sp}/c 或对数黏数 $\ln\eta_r/c$ 在无限稀释时的外推值，用 $[\eta]$ 表示，即：

$$[\eta] = \lim_{c \to 0}\frac{\eta_{sp}}{c} = \lim_{c \to 0}\frac{\ln\eta_r}{c} \quad\quad (5)$$

$[\eta]$ 称为极限黏数，又称特性黏数，其值与浓度无关，量纲是浓度的倒数。

实验证明，对于给定的聚合物在给定的溶剂和温度下，$[\eta]$ 的数值仅由试样的分子量所决定。$[\eta]$ 与高聚物分子量之间的关系，通常用带有两个参数的 Mark-Houwink 经验方程式来表示：

$$[\eta] = K \cdot \overline{M}_\eta^\alpha \quad\quad (6)$$

式中，K 为比例常数；α 为与溶液中聚合物分子形态有关的常数；$\overline{M}_\eta$ 为黏均摩尔质量。

K、α 与温度、聚合物的种类和溶剂性质有关，K 值受温度影响较大，而 α 值主要取决于高分子线团在溶剂中舒展的程度，一般介于 $0.5 \sim 1.0$ 之间。在一定温度时，对给定的聚合物-溶剂体系，一定的分子量范围内 K、α 为一常数，$[\eta]$ 只与分子量大小有关。K、α 值可从有关手册中查到，或采用其他绝对方法（如渗透压和光散射法等）确定。

在一定温度下，聚合物溶液黏度对浓度有一定的依赖关系。描述溶液黏度与浓度关系的方程式很多，应用较多的有哈金斯（Huggins）方程：

$$\frac{\eta_{sp}}{c} = [\eta] + k[\eta]^2 c \qu\quad (7)$$

和克拉默（Kraemer）方程：

$$\frac{\ln\eta_r}{c} = [\eta] - \beta[\eta]^2 c \quad\quad (8)$$

对于给定的聚合物在给定温度和溶剂时，k、β 应是常数，其中 k 称为哈金斯（Huggins）常数。它表示溶液中聚合物之间和聚合物与溶剂分子之间的相互作用，k 值一般来说对分子量并不敏感。用 $\ln\eta_r/c$ 对 c 的图外推和用 η_{sp}/c 对 c 的图外推得到共同的截距 $[\eta]$，如图 1 所示。

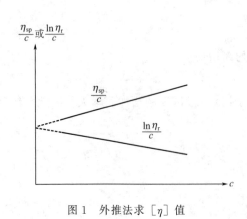

图 1　外推法求 $[\eta]$ 值　　　　图 2　乌氏黏度计

由此可见，用黏度法测定高聚物分子量，关键在于 $[\eta]$ 的求得，最方便的方法是用毛细管黏度计测定溶液的黏度比。常用的黏度计有乌氏（Ubbelchde）黏度计，如图 2 所示，其特点是溶液的体积对测量没有影响，所以可以在黏度计内采取逐步稀释的方法得到不同浓度的溶液。

当液体在毛细管黏度计内因重力作用而流出时遵守泊塞勒（Poiseuille）定律：

$$\eta = \frac{\pi \rho g h r^4 t}{8 l V} - \frac{m \rho V}{8 \pi l t} \tag{9}$$

式中，ρ 为液体的密度；l 为毛细管长度；r 为毛细管半径；t 为流出时间；h 为流经毛细管液体的平均液柱高度；g 为重力加速度；V 为流经毛细管的液体体积；m 为与仪器的几何形状有关的常数。当 $r/l = 1$ 时，可取 $m = 1$。

对某一指定的黏度计而言，令 $\alpha = \dfrac{\pi g h r^4}{8 l V}$，$\beta = \dfrac{mV}{8 \pi l}$，则上式改写为：

$$\frac{\eta}{\rho} = \alpha t - \frac{\beta}{t} \tag{10}$$

式中 $\beta < 1$，当 $t > 100 \text{s}$ 时，等式右边第二项可以忽略。当溶液很稀时溶液的密度 ρ 与溶剂的密度 ρ_0 近似相等，于是有：$\eta \approx \alpha t \rho$，代入式（1）得到：

$$\eta_r = \frac{\eta}{\eta_0} = \frac{t}{t_0} \tag{11}$$

这样，通过测定溶液和溶剂的流出时间 t 和 t_0，就可得到 η_r。进而可以得到 η_{sp}、η_{sp}/c 和 $\ln \eta_r / c$ 值。配制一系列浓度的溶液分别进行测定，以 η_{sp}/c 和 $\ln \eta_r / c$ 为纵坐标，c 为横坐标作图（如图 1），得两条直线，直线的截距即为 $[\eta]$。代入公式（6）即可求得该高分子化合物的黏均分子量 $\overline{M}$。

三、仪器与试剂

乌氏黏度计；恒温槽；5mL、10mL 移液管；秒表；25mL 容量瓶；分析天平。
聚乙烯基吡咯烷酮（PVP）；去离子水。

四、实验步骤

1. 调节恒温槽温度至 （30.00±0.05）℃
打开恒温槽电源和搅拌器开关，设置恒温槽温度为 30.00℃。待温度稳定后进行实验。

2. 配制浓度约为 0.02g·mL⁻¹ 聚合物溶液
准确称取 0.5g 聚乙烯基吡咯烷酮于 25mL 容量瓶中，加入约 20mL 去离子水，使其溶解（最好提前一天进行）。将容量瓶放在恒温槽内，用 30℃ 的去离子水稀释至刻度，取出混合均匀，用玻璃砂漏斗过滤，再放入恒温槽内恒温待用。注意，高聚物在溶剂中溶解缓慢，配制溶液时必须保证其完全溶解，否则会影响溶液起始浓度，而导致结果偏低。

3. 洗涤黏度计
黏度计和待测液体是否清洁，是决定实验成功的关键之一。如果是新的黏度计，先用洗液洗，再用自来水洗三次，去离子水洗三次，烘干待用。

4. 测定溶剂流出时间
将清洁干燥的黏度计垂直安装于恒温槽内，使水面完全浸没小球。用移液管移取 10mL

已恒温的去离子水，恒温 3min，封闭黏度计的支管口，用洗耳球经橡皮管由毛细管上口将水抽至最上一个球的中部时，取下洗耳球，放开支管，使其中的水自由下流，用眼睛水平注视着正在下降的液面，用秒表准确记录流经下球上下两刻度之间的时间，重复 3 次，误差不得超过 0.2s。

5. 测定溶液流出时间

将清洁干燥的黏度计安装于恒温槽内，用干净的 10mL 移液管移取已经恒温好的聚合物溶液于黏度计中（注意尽量不要将溶液粘在管壁上），恒温 2min，按以上步骤测定溶液的流出时间 t_1。

用移液管依次加入 1mL、2mL、2mL、5mL、10mL、10mL 已恒温的去离子水，用向其中鼓泡的方法使溶液混合均匀，准确测量每种浓度溶液的流出时间，每种浓度溶液的测定都不得少于 3 次，误差不超过 0.2s。

6. 黏度计的洗涤

倒出溶液，用去离子水反复洗涤，直到与 t_0 开始时相同为止。

五、数据处理

1. 根据溶剂、溶液的流出时间，计算各浓度 c 时的 η_r 和 η_{sp}、η_{sp}/c 和 $\ln\eta_r/c$，列表。

2. 以 η_{sp}/c 和 $\ln\eta_r/c$ 分别对 c 作图，并外推求得 $[\eta]$。

3. 按式（6）计算出聚乙烯基吡咯烷酮的黏均分子量。计算时，30℃时聚乙烯基吡咯烷酮-水体系的 $\kappa = 3.39 \times 10^2$；$\alpha = 0.59$。

六、思考题

1. 测量时黏度计倾斜放置会对测定结果有什么影响？

2. 在本实验中，引起实验误差的主要原因是什么？

实验 40　胶体的制备及电泳

一、实验目的

1. 掌握凝聚法制备氢氧化铁溶胶的方法。
2. 观察溶胶的电泳现象并了解其电学性质。
3. 测定胶粒的电泳速度和溶胶 ξ 电位。

二、实验原理

溶胶是一个多相体系，其分散相胶粒的大小约在 1～100nm 之间。由于其本身的电离或选择性吸附一定量的离子以及其他原因所致，胶粒表面具有一定量的电荷，胶粒周围分布着反离子。反离子所带电荷与胶粒表面电荷符号相反、数量相等，整个溶胶体系保持电中性。胶粒周围的反离子由于静电引力和热扩散运动的结果形成了两部分——紧密层和扩散层。溶胶是热力学不稳定体系。为了降低体系的表面能，它终将聚集而沉降，但它在一定条件下又能相对地稳定存在，主要原因之一是体系中胶粒带的是同一种电荷，彼此相斥而不致聚集。

由于离子的溶剂化作用，紧密层结合有一定数量的溶剂分子，在电场的作用下，它和胶粒作为一个整体移动，而扩散层中的反离子则向相反的电极方向移动，这种在电场作用下分散相粒子相对于分散介质的运动称为电泳，运动的快慢用电泳速率表示。发生相对移动的界面称为切动面，切动面和液体内部的电位差称为电动电位或 ξ 电位。胶粒带的电荷越多，ξ 电势越大，胶体体系越稳定，当 $\xi=0$ 时，可以观察到胶体的聚沉现象，因此 ξ 电势大小是衡量溶胶稳定性的重要参数。不同的带电颗粒在同一电场中的运动状态和速度是不同的，电泳速度与胶粒本身所带净电荷的数量、颗粒的大小和形状等有关。一般说，所带的电荷数量越多，颗粒越小、越接近球形，则在电场中电泳速度越快，反之，则越慢。

利用电泳现象可测定 ξ 电势。胶粒电泳速度除与外加电场的强度有关外，还与 ξ 电位的大小有关。而 ξ 电位不仅与测定条件有关，还取决于胶体粒子的性质。

本实验是在一定的外加电场强度下通过测定 $Fe(OH)_3$ 胶粒的电泳速度然后计算出 ξ 电位。在制得的溶胶中常含有一些电解质，通常除了形成胶团所需的电解质以外，过多的电解质存在反而会破坏溶胶的稳定性，因此必须将溶液净化。最常用的净化方法是渗析法。利用半透膜具有能透过离子和某些分子、而不能透过胶粒的能力，将溶胶中过量的电解质和杂质分离出来。纯化时，将刚制备的溶胶装在半透膜内，浸在蒸馏水中，由于电解质和杂质在膜内的浓度大于在膜外的浓度，因此，膜内的离子和其他能透过半透膜的分子向膜外迁移，这样就降低了膜内溶胶中电解质和杂质的浓度，多次更换蒸馏水，即可达纯化的目的。适当提高温度，可加快纯化过程。

各种电泳仪虽然在使用上有些差别，但原理上都是一致的。在电泳仪的两极间加上电位差 $E(V)$ 后，在 $t(s)$ 时间内溶胶界面移动的距离为 $d(m)$，则胶粒的电泳速率：

$$u = d/t \qquad (1)$$

如果两极间距为 $l(m)$，两极间的电压为 $E(V)$，忽略辅助液和溶胶电导率的差异，近似认为两极间的电位梯度是均匀的，则电位梯度为：

$$H = E/l \qquad (2)$$

电泳速度和电位梯度可以通过实验测定。按照下式求出 ξ 电位（V）：

$$\xi = \frac{K\pi\eta}{\varepsilon H}u = \frac{K\pi\eta ld}{\varepsilon Et} \qquad (3)$$

式中，K 为与胶粒形状有关的常数，对氢氧化铁溶胶 $K = 3.6 \times 10^{10} \, V^2 \cdot s^2 \cdot kg^{-1} \cdot m^{-1}$；$l$ 为两极间距，m；d 为时间 $t(s)$ 内溶胶界面移动的距离，m；E 为加在两极间的电压，V；η 为介质水的黏度，$Pa \cdot s$，可从表1得到；ε 为水的介电常数，可以查表得到，或者采用近似公式：$\varepsilon = 80 - 0.4 \times (T/K - 293)$ 求得。

表1 不同温度下水的黏度

$t/℃$	10	11	12	13	14	15	16	17	18	19
$\eta/(10^{-3}Pa \cdot s)$	1.307	1.271	1.235	1.202	1.169	1.139	1.109	1.081	1.053	1.027
$t/℃$	20	21	22	23	24	25	26	27	28	29
$\eta/(10^{-3}Pa \cdot s)$	1.002	0.9779	0.9548	0.9325	0.9111	0.8904	0.8705	0.8513	0.8327	0.8148
$t/℃$	30	31	32	33	34	35	36	37	38	39
$\eta/(10^{-3}Pa \cdot s)$	0.7975	0.7808	0.7647	0.7491	0.7340	0.7194	0.7052	0.6915	0.6783	0.6654

由此可见，采用与溶胶电导率相同的辅助液时，实验前测量出两极间距 l，在两极电压

E 恒定时测定出时间 t 内溶胶界面移动的距离 d，代入（3）式即可计算出该溶胶的电动电势 ξ。

三、仪器与试剂

电泳实验装置一套；电热套 1 台；电导率仪 1 台；秒表 1 块；铂电极 2 只；超级恒温槽 1 台；500mL 和 800mL 烧杯各一只；透析袋。

$FeCl_3$（10%）溶液；KCNS（1%）溶液；$AgNO_3$（1%）溶液；KCl（0.1mol·L^{-1}溶液。

四、实验步骤

1. Fe(OH)$_3$ 溶胶的制备及纯化

（1）半透膜的制备。用透析袋作为半透膜，实验前处理透析袋（实验室已准备好）。

（2）用水解法制备 Fe(OH)$_3$ 溶胶。在 500mL 烧杯中，加入 300mL 蒸馏水，加热至沸，慢慢滴入 15mL(10%)$FeCl_3$ 溶液，并不断搅拌，加完继续保持沸腾 5min，即可得到红棕色的 Fe(OH)$_3$ 溶胶。在胶体体系中存在的过量 H^+、Cl^- 等离子需要除去。

（3）用热渗析法纯化 Fe(OH)$_3$ 溶胶。将制得的 Fe(OH)$_3$ 溶胶注入半透膜内，用线拴住袋口，置于 800mL 的清洁烧杯中，杯中加蒸馏水约 300mL，维持温度在 60℃左右，进行渗析。每 20min 换一次蒸馏水，4 次后取出 1mL 渗析水，分别用 1% $AgNO_3$ 及 1% KCNS 溶液检查是否存在 Cl^- 及 Fe^{3+}，如果仍存在，应继续换水渗析，直到检查不出为止，将纯化过的 Fe(OH)$_3$ 溶胶移入一清洁干燥的 100mL 小烧杯中待用。

2. 辅助液的制备

调节恒温槽温度为（25.0±0.1）℃，用电导率仪测定 Fe(OH)$_3$ 溶胶在 25℃时的电导率。0.1mol·L^{-1} 的 KCl 溶液和蒸馏水配制与溶胶具有相同电导率的辅助液。

3. 仪器的安装

用蒸馏水洗净电泳管后，再用少量溶胶洗一次，将渗析好的 Fe(OH)$_3$ 溶胶倒入电泳管中，使液面超过活塞（2）、（3）。关闭这两个活塞，把电泳管倒置，将多余的溶胶倒净，并用蒸馏水洗净活塞（2）、（3）以上的管壁。如此时溶胶溶液温度高于室温，应用自来水冲电泳管管壁降温至室温，以使其和辅助液温度一致。打开活塞（1），用 HCl 溶液冲洗一次后，再加入该溶液，并超过活塞（1）少许。插入铂电极按装置图 1 连接好线路。量取两极之间的距离 l。

4. 溶胶电泳的测定

打开电泳仪电源，迅速调节输出电压为 45V。关闭活塞（1），同时打开活塞（2）和（3），并开动秒表计时，准确记下溶胶在电泳管中液面位置，约 45min 后断开电源，记下准确的通电时间 t 和溶胶面下降的距离 d。

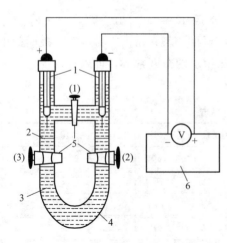

图 1　电泳仪器装置

1—Pt 电极；2—HCl 溶液；3—溶胶；4—电泳管；5—活塞；6—可调直流稳压电源

实验结束后，拆除线路。用自来水洗电泳管多次，最后用蒸馏水洗一次。

五、数据处理

1. 根据电极的正负和胶粒的移动方向，判断胶粒的电荷符号。
2. 计算溶胶的 ξ 电位。

六、思考题

1. 电泳速度的快慢与哪些因素有关？
2. 如果电泳仪事先没洗净，管壁上残留微量电解质，对电泳测量结果将有什么影响？

实验 41　沉降分析法测定碳酸钙的粒径分布

一、实验目的

1. 掌握沉降分析法测定原理。
2. 掌握扭力天平的使用方法。
3. 用沉降分析法测定碳酸钙粉末的粒度分布曲线。

二、掌握实验原理

大量不同尺寸固体颗粒的集合体称为粉体，颗粒的大小称为颗粒的粒度，粉体在不同粒径范围所占的比例称为粒度分布。颗粒的粒度、粒度分布是粉体重要的物性特征指数，对粉末及其制品的性质、质量和用途有着显著影响，因此通过实验测定粉体颗粒的粒度及其粒度分布，在生产实践中有着广泛的应用。

粒度测定方法主要有筛析法、显微镜法、沉降法、电感应法以及光散射法等等。沉降分析是根据物质颗粒在介质中的沉降速率来测定颗粒大小的一种方法，广泛应用于颜料、硅酸盐、搪瓷、陶瓷工业中的原料和产品质量检测。

设一半径为 r 的球形颗粒处于悬浮体系中，并且完全被液体润湿；颗粒在悬浮体系的沉降速度是缓慢而恒定的，达到恒定速度所需时间很短；颗粒在悬浮体系中的布朗运动不会干扰其沉降速度；颗粒间的相互作用不影响沉降过程。当该颗粒本身重力、所受浮力和黏滞阻力（也称摩擦阻力）三者达到平衡时，颗粒在悬浮体系中以恒定速度沉降，沉降速度与粒度大小的平方成正比。

粒子在介质所受重力为：

$$F_1 = \frac{4}{3}\pi r^3 \rho g \tag{1}$$

粒子在介质所受浮力为：

$$F_2 = \frac{4}{3}\pi r^3 \rho_0 g \tag{2}$$

粒子下沉时受到黏滞阻力的作用，根据斯托克斯（Stokes）定律，黏滞阻力为：

$$F_3 = 6\pi\eta r u \tag{3}$$

式中，r 为粒子的半径，m；ρ 和 ρ_0 分别为粒子和介质的密度，$kg \cdot m^{-3}$；g 为重力加速度，$m \cdot s^{-2}$。η 为介质黏度，$Pa \cdot s$；u 为粒子下沉速度，$m \cdot s^{-1}$。

当粒子所受向上的浮力和摩擦阻力之和与向下的重力平衡时，粒子会等速下沉。通过力学分析，得到如下等式关系，$6\pi\eta ru = \dfrac{4}{3}\pi r^3(\rho-\rho_0)g$，从而得到：

$$r = \sqrt{\frac{9\eta u}{2(\rho-\rho_0)g}} = K\sqrt{u} \tag{4}$$

因此当介质黏度、介质和粒子的密度已知时，测定粒子沉降速率就可以求得粒子的半径。

碳酸钙密度取 $\rho = 2.825 \times 10^3\,kg \cdot m^3$；介质为水，水黏度和密度根据实验温度，从表 1 中查得。

表 1　不同温度下水的黏度和密度

$t/℃$	$\eta \times 10^3 / Pa \cdot s$	$\rho_0 / kg \cdot m^3$	$t/℃$	$\eta \times 10^3 / Pa \cdot s$	$\rho_0 / kg \cdot m^3$
17	1.081	998.7769	24	0.9111	997.2994
18	1.053	998.5976	25	0.8904	997.0480
19	1.027	998.4073	26	0.8705	996.7870
20	1.002	998.2063	27	0.8513	996.5166
21	0.9779	997.9948	28	0.8327	996.2371
22	0.9548	997.7730	29	0.8148	995.9486
23	0.9325	997.5412	30	0.7975	995.6511

如果实验用扭力天平测定粒子在不同时刻 t 时从介质沉降到平盘上的粒子质量 G，以 G 对 t 作图可以得到沉降曲线。

粉体颗粒的粒度分布曲线是粒度分布函数 $F(r)$ 与粒子半径 r 之间的函数关系图。根据粒度分布函数 $F(r)$ 定义：

$$F(r) = -\frac{1}{G_\infty}\frac{dm}{dr} = -\frac{1}{G_\infty}\lim_{\Delta r \to 0}\frac{\Delta m}{\Delta r} \tag{5}$$

式中 m 表示在时间 t 内沉降到沉降托盘上粉体颗粒的质量；G_∞ 表示沉降完毕后沉降托盘上粉体颗粒的质量；r 表示的粉体颗粒半径。

绘制粒度分布曲线可有两种方法：图解法和解析法。

1. 图解法

在有限的半径变化范围内，将粒度分布函数 $F(r)$ 定义式作近似处理，得：

$$F(r) \approx -\frac{1}{G_\infty}\frac{\Delta m}{\Delta r} \tag{6}$$

设有一粉体系统由半径分别为 r_1、r_2（$r_1 > r_2$）的颗粒所组成，沉降前颗粒均匀地分布在介质中，沉降速率分别为 u_1、u_2，则沉降曲线如图 1 所示。OA 段代表两种粒子同时沉降的线段，到 t_1 时，沉降量为 G_1，所有半径为 r_1 的粒子全部沉降完。之后只剩半径为 r_2 的粒子发生沉降，沉降曲线发生转折。到 t_2 时，两种颗粒均已沉降完毕，总沉降量为 G_2。设延长 $\overline{AB}$ 至纵坐标的交点为 S_1，相应于半径为 r_1 的粒子质量 m_1，则半径为 r_2 的粒

子的沉降量 $m_2 = \dfrac{\overline{BB'}}{\overline{S_1 B'}} \times t_2$，总沉降量 $G_2 = m_1 + m_2$。

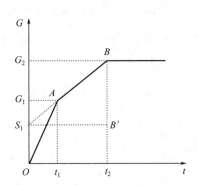
图 1　只含两种半径粒子体系的沉降曲线

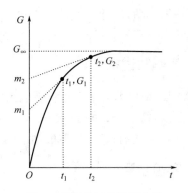
图 2　实际体系的沉降曲线

实际上，颗粒的半径分布是连续的，其沉降曲线一般如图 2 所示。在 $G\text{-}t$ 曲线上作不同 t 对应的各点的切线外延至 y 轴，可求出不同 t 对应的粒子的沉降量。若托盘至液面之间的距离即粒子的沉降高度为 h，$r = K\sqrt{u} = K\sqrt{\dfrac{h}{t}} = \dfrac{K'}{\sqrt{t}}$，则由 $\dfrac{m_{i+1} - m_i}{G_\infty (r_{i+1} - r_i)}$ 可求出在半径为 $r_{i+1} \sim r_i$ 范围的粒子的质量占粒子总质量的分数。

以 $\dfrac{m_{i+1} - m_i}{G_\infty (r_{i+1} - r_i)}$ 对平均半径 $r = \dfrac{r_{i+1} + r_i}{2}$ 作图，得到梯状折线如图 3 所示。如果所取点足够多，将得到一光滑曲线。

G_∞ 可用作图法外推求得，即作 $G\text{-}\dfrac{A}{t}$ 图（A 是任意常数，例如令 $A = 1000$），由图上 t 值较大的各点作直线，直线的截距即为 G_∞。

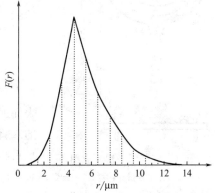
图 3　粒度分布曲线

2. 解析法

如果从图 2 中任选一点 (t, G)，该点的切线与纵轴的交点为 m，则有：

$$m = G - t\frac{\mathrm{d}G}{\mathrm{d}t} \tag{7}$$

根据粒度分布函数的定义，有：

$$F(r) = -\frac{1}{G_\infty}\frac{\mathrm{d}m}{\mathrm{d}r} = -\frac{1}{G_\infty}\frac{\mathrm{d}t}{\mathrm{d}r}\frac{\mathrm{d}m}{\mathrm{d}t} = -\frac{1}{G_\infty}\frac{\mathrm{d}t}{\mathrm{d}r}\left(\frac{\mathrm{d}G}{\mathrm{d}t} - \frac{\mathrm{d}G}{\mathrm{d}t} - t\frac{\mathrm{d}^2 G}{\mathrm{d}t^2}\right) = \frac{t}{G_\infty}\frac{\mathrm{d}t}{\mathrm{d}r}\frac{\mathrm{d}^2 G}{\mathrm{d}t^2}$$

由于 $r = \dfrac{K'}{\sqrt{t}}$，所以 $\dfrac{\mathrm{d}t}{\mathrm{d}r} = -\dfrac{2K'^2}{r^3} = -\dfrac{2t}{r}$，代入上面 $F(r)$ 的表达式，得到：

$$F(r) = -\frac{2t^2}{r}\frac{1}{G_\infty}\frac{\mathrm{d}^2 G}{\mathrm{d}t^2} \tag{8}$$

设描述沉降曲线的函数形式为：

$$G = G_\infty\left[(1 - \exp(at^b)\right] \tag{9}$$

式中 G_∞、a、b 为待定参数，可根据实验测定的 $G\sim t$ 数据并利用相关软件拟合得到。

本实验采用沉降分析法测定碳酸钙粉末的粒度分布曲线。通过测定的 $G \sim t$ 数据，用 origin 等软件拟合得到（9）式，从而可以作出沉降曲线。沉降速率利用（3）式来计算相应的粒子半径后，结合（9）式可以得到（8）式的具体表达式，以 $F(r)$ 对 r 作图得到粒度分布曲线。

三、仪器与试剂

JN-A-500 型扭力天平 1 台；玻璃沉降筒 1 只；秒表 1 块；沉降托盘 1 个；500mL 烧杯 1 个；10mL 量筒 1 个；电子天平 1 台；温度计 1 支。

碳酸钙粉末试剂；5％焦磷酸钠溶液。

四、实验步骤

1. 熟悉扭力天平的使用方法。若要取下或挂上托盘前，须将扭力天平关闭。旋转指针转盘时，动作要轻柔，且不能转动指针转盘直接穿越平衡指针（图 4）。

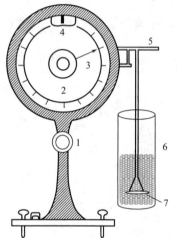

图 4 沉降天平法示意图

1—天平开关；2—指针转盘；3—指针；
4—平衡指针；5—托盘吊钩；
6—沉降筒；7—托盘

2. 沉降筒中装好蒸馏水 300mL，加入 5％的焦磷酸钠 6mL。将托盘挂在天平臂上，悬于沉降筒正中。不能碰壁，底部不能有气泡。打开开关 1，转动 2，使平衡指针 4 与零线重合，记下表盘读数 G_0。

3. 从沉降筒壁的标尺上读出平衡时托盘至水面的高度 h。然后取出托盘，同时记下水温。

4. 在电子天平上称取约 1.5g 碳酸钙粉末，放在小表面皿上，将沉降筒中的水倒回 500mL 烧杯中，取少量水滴在表面皿上，用牛角匙仔细将聚集的粗粒碾散。然后用烧杯中的水将表面皿和牛角匙上的粉末小心地全部洗入沉降筒中，最后将烧杯中剩余的水全部转入沉降筒里。

5. 用搅拌棒在筒中搅拌 10min。在停止搅拌前，用搅拌棒上下往复拉动几下，改变搅拌产生的离心力，防止粗颗粒向沉降筒沉降。搅拌时，注意防止悬浮液外溅使颗粒在液体中分布均匀。

6. 迅速将沉降筒放在天平右侧原位，将托盘浸入筒内并挂在钩上，当托盘浸入液体高度一半时打开秒表，同时不断转动 2，使平衡指针 4 始终处于零线。在第 1min 时记下第 1 个读数，以后按下列顺序记录数据：1 次/0.5min，共 12 次；1 次/1.0min，共 5 次；1 次/ 2.0min，共 4 次；1 次/5.0min，共 4 次，直到隔 5min 质量增加不到 0.5mg 为止。

五、数据处理

1. 从附表中查得碳酸钙的密度 ρ、实验温度 T 下水的黏度 η 及水的密度 ρ_0 等，填入下表中。

$T/℃$	$\eta/Pa \cdot s$	$\rho/kg \cdot m^{-3}$	$\rho_0/kg \cdot m^{-3}$	h/cm	G_0/mg

2. 沉降曲线的拟合

根据实验测定的 $G(t)$-t 数据，用 Origin 绘制沉降曲线 G-t 散点图。对数据点进行非线性拟合，拟合方程：$G(t)=G_\infty[1-\exp(-at^b)]$，其中 G_∞、a、b 为拟合参数。

3. 根据式(3) 计算半径 r，根据式(9) 拟合方程和式(8) 计算碳酸钙粒子的粒度分布函数 $F(r)$，分别填入下表中。

t/s	G/mg	$r\times10^6/m$	$F(r)$
...	...	...	...

4. 以粒度分布函数 $F(r)$ 对粒子半径 r 作图，得到的碳酸钙粒子的粒度分布曲线。

六、思考题

1. 实验中为什么要加入一定量的焦磷酸钠溶液？
2. 粒子含量太多，或粒子半径太小或太大，对测定有何影响？

第 5 章　物 质 结 构

实验 42　摩尔折射度的测定

一、实验目的

1. 了解分子偶极矩及其形成原因。
2. 了解分子极化率与摩尔折射度的关系。
3. 测定几种有机化合物的摩尔折射度。

二、实验原理

　　偶极矩是表示分子中电荷分布情况的物理量。分子由带正电的原子核和带负电的电子组成，对于中性分子，正负电荷数量相等，整个分子是电中性的，但正负电荷的中心可以重合，也可以不重合。正负电荷中心不重合的分子称为极性分子，它具有偶极矩。这种偶极矩是分子的固有属性，与外界环境无关，通常称为永久偶极矩。偶极矩是个矢量，方向是由正电中心指向负电中心。偶极矩是正、负电荷中心间的距离与电荷量的乘积，即：

$$\boldsymbol{\mu} = qr \tag{1}$$

　　偶极矩的单位为 C·m，若有电量为一个电子（1.6022×10^{-19} C）的正负电荷相距 10^{-10} m，则其偶极矩为 $\boldsymbol{\mu} = 1.6022 \times 10^{-29}$ C·m

　　在 cgs 制中，上述情况下 $\boldsymbol{\mu} = 1.6022 \times 10^{-29}$ cm·esu $= 4.8$ D。D 称 Debye（德拜），是分子偶极矩的一种单位，1D $= 3.336 \times 10^{-30}$ C·m。

　　永久偶极矩是分子本身固有的性质，与是否有外加电场无关。分子在外加电场的作用下所产生的分子诱导极化，称诱导偶极矩。它一般包括两个部分：一是电子极化，由电子与核产生相对位移引起；二是原子极化，由原子核间产生相对位移，即键长和键角改变引起。诱导极化又称变形极化，对于极性分子还有定向极化，它是由于在电场中永久偶极矩转到与电场方向反平行的趋势，出现择优取向所引起的。诱导极化产生诱导偶极矩。

　　诱导偶极矩（$\boldsymbol{\mu}_{诱}$）可表示为：

$$\boldsymbol{\mu}_{诱} = \alpha E \tag{2}$$

　　式中，E 为外加电场强度；α 为分子极化率，$J^{-1} \cdot C^2 \cdot m^2$。分子极化率 α 与摩尔折射度 R 成正比。所以通常用摩尔折射度来反映分子极化率的大小。在分子极化率中，电子极化占绝大多数，而原子极化所占比例很小，常常忽略不计。

　　分子极化率 α 与摩尔折射度 R 的关系可表示为：

$$R = \frac{N_A \alpha}{3\varepsilon_0} \tag{3}$$

式中，N_A 为 Avogadro 常数；ε_0 为真空介电常数。摩尔折射度 R（$cm^3 \cdot mol^{-1}$）又可表示为：

$$R = \frac{(n^2-1)M}{(n^2+2)d} \tag{4}$$

式中，M 为摩尔质量，$g \cdot mol^{-1}$；d 为密度，$g \cdot cm^{-3}$；n 为折射率。

摩尔折射度 R 具有加和性，即某分子的摩尔折射度等于该分子中各化学键的摩尔折射度之和。

例如：$CHCl_3$ 中包括一个 C—H 键和三个 C—Cl 键，该分子的摩尔折射度即为所有键折射度之和，即 $R=1.676+3 \times 6.51=21.21$（$cm^3 \cdot mol^{-1}$）。利用此计算值与实验测量结果进行比较，从而可以确定化合物的结构，还可用于鉴别化合物及分析混合物的组成等。一些化学键的摩尔折射度见表 1。

表 1　若干化学键的折射度 R　　　　　　单位：$cm^3 \cdot mol^{-1}$

化学键	R	化学键	R	化学键	R	化学键	R	化学键	R
C—H	1.676	C—F	1.45	C—O	1.54	C—N	1.57	N—O	2.43
C—C	1.296	C—Cl	6.51	C=O	3.32	C=N	3.75	N=O	4.00
C=C	4.17	C—Br	9.39	O—H(醇)	1.66	C≡N	4.82	N—N	1.99
C≡C	5.87	C—I	14.61	O—H(酸)	1.80	N—H	1.76	N=N	4.12
C_6H_5	25.46	C—S	4.61	C=S	11.91	S—S	8.11		

三、仪器与试剂

阿贝折光仪 1 台；恒温槽一台；液体比重天平一台。

二氯甲烷（CH_2Cl_2）；氯仿（$CHCl_3$）；四氯化碳（CCl_4）；乙醇（C_2H_5OH）；乙酸乙酯（$CH_3COOC_2H_5$）；环己烷；乙腈（CH_3CN）；N,N-二甲基甲酰胺（$HCON(CH_3)_2$）。

四、实验步骤

1. 把恒温槽温度调节到指定温度。

2. 液体密度的测定。参考说明书自学液体比重天平的使用方法，并用液体比重天平测量给定液体在实验温度下的密度。

3. 折射率的测定。用阿贝折光仪测定上述各样品在实验温度下的折射率。

五、数据处理

1. 利用表 1 的数据，计算出上述各化合物摩尔折射度的计算值（理论值）。

2. 根据各化合物所测定的密度和折射率数据，代入式（4），计算出摩尔折射度的实验值。

3. 将上述理论值及实验值列入表中，并计算实验值的相对误差。

六、思考题

1. 分析摩尔折射度的实验值与理论值产生误差的原因。

2. 如何用测定摩尔折射度的方法确定混合溶剂的组成？

实验 43 磁化率的测定

一、实验目的

1. 掌握古埃法测定物质摩尔磁化率的原理。
2. 测定几种配合物的摩尔磁化率。

二、实验原理

组成物质的原子、分子或离子中都存在运动着的电子，电子的轨道运动和自旋运动都会产生磁效应。在没有外磁场的作用时，若原子、分子或离子中不存在未成对电子，由于轨道上成对电子自旋产生磁矩相互抵消，轨道在各方面的取向概率又相等，所以物质不存在永久磁矩。但当有外磁场存在时，物质内部的原子、分子中电子的轨道运动受外磁场的作用，产生感应的"分子电流"，而产生与外磁场方向相反的诱导磁矩。由于诱导磁矩与外磁场是反方向的，所以称这种物质为反磁性物质。若原子、分子、离子中存在未成对电子，则物质存在永久磁矩。在外磁场中永久磁矩将顺着磁场方向排列，其方向与外磁场方向一致。因为原子、分子中的未成对电子的永久磁矩显示的磁性比其成对电子在外磁场中所产生的诱导磁矩所显示的反磁性大 1~3 个数量级，所以这类物质称为顺磁性物质。有少数物质随着外磁场强度的增加，其磁性急剧增加，外磁场消失后其磁性仍不消失，此类物质称为铁磁性物质。

物质在外磁场中，会被磁化并感生出一附加磁场，其磁场强度 H' 与外磁场强度 H 之和称为该物质的磁感应强度 B，即：

$$B = H + H' \tag{1}$$

H' 与外磁场方向相同的叫顺磁性物质，相反的叫反磁性物质。

H' 为在外磁场感应下，物质内部产生的附加磁场，它与外磁场强度 H 及物质本身的磁性有关。其关系式为：

$$H' = 4\pi I \tag{2}$$

式中，I 为物质的磁化强度。并且：

$$I = kH \tag{3}$$

所以
$$H' = 4\pi kH \tag{4}$$

k 为物质的单位体积磁化率，它是物质的一种宏观磁性质，为无量纲的量，现令：

$$K_m = \frac{k}{\rho} \tag{5}$$

$$K_M = Mk/\rho \tag{6}$$

式中，ρ 和 M 分别是物质的密度（$g \cdot cm^{-3}$）和摩尔质量（$g \cdot mol^{-1}$）；K_m 为物质的单位质量磁化率，$cm^3 \cdot g^{-1}$；K_M 为物质的摩尔磁化率，$cm^3 \cdot mol^{-1}$。

物质的磁性与组成它的原子、离子或分子的微观结构有关，在反磁性物质中，由于电子自旋已配对，故无永久磁矩。但是内部电子的轨道运动，在外磁场作用下会感生出一个与外磁场方向相反的诱导磁矩，所以表示出反磁性，其 K_M 就等于反磁化率 $K_反$，且 $K_M < 0$。在顺磁性物质中，存在自旋未配对电子，所以具有永久磁矩。在外磁场中，永久磁矩顺着外

磁场方向排列，产生顺磁性。顺磁性物质的摩尔磁化率 K_M 是摩尔顺磁化率与摩尔反磁化率之和，即原子分子中由于未成对电子的永久磁矩定向排列产生的顺磁化率以 $K_{M顺}$ 表示，由诱导磁矩产生的反磁化率以 $K_{M反}$ 表示，则：

$$K_M = K_{M顺} + K_{M反} \tag{7}$$

对顺磁性物质，通常 $K_{M顺} \gg K_{M反}$，所以：

$$K_M = K_{M顺} \tag{8}$$

这类物质总表现出顺磁性，其 $K_M > 0$。

顺磁性物质的摩尔磁化率 K_M 与分子磁矩 μ 的关系服从居里定律 $K_{M顺} = \dfrac{N_A \mu^2}{3kT}$，从而得到：

$$\mu = 2.84 \mu_B \sqrt{K_M T} \tag{9}$$

式中，μ 为分子磁矩；N_A 为阿伏加德罗常数；k 为玻尔兹曼常数；μ_B 称为玻尔磁子（单个自由电子自旋所产生的磁矩，$9.273 \times 10^{-28} \mathrm{J \cdot G^{-1}}$，$1G = 10^{-4} \mathrm{T}$）。

居里定律把物质的宏观磁性质 K_M 与物质分子的微观磁性质 μ 联系在一起。因而通过对物质宏观磁性质的实验测定可求得分子的磁矩。对具有未成对电子的分子、自由基和某些第一系列过渡元素离子的磁矩 μ 与未成对电子数 n 的关系为 $\mu = \sqrt{n(n+2)} \cdot \mu_B$，这样与式（9）关联可以得到：

$$2.84 \sqrt{K_M T} = \sqrt{n(n+2)} \tag{10}$$

通过测定 μ，可由式（10）求出未成对电子数 n。确定原子、分子、离子中未成对电子数对研究它们的电子结构、判断配合物分子的价键类型是十分有用的。

古埃磁天平法是测定物质磁化率的方法之一，实验装置如图 1 所示，在圆柱形的玻璃样品管中放入待测样品，把样品管悬挂在天平的臂上，样品管的底部处于外磁场强度最强处（H），即电磁铁两极的中心位置，样品管中的样品要紧密、均匀安放。且样品量要足够多，以使样品的上端处于外磁场强度小到可以忽略的位置（H_0），此时整个样品处于磁场强度梯度 $\partial H / \partial S$ 的不均匀磁场中，设作用于样品的力为 f，则：

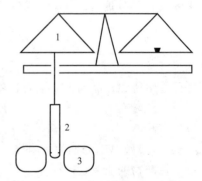

图 1　磁化率测定装置示意图
1—天平；2—样品管；3—磁铁

$$df = kAH \frac{\partial H}{\partial S} dS \tag{11}$$

式中，k 为体积磁化率；A 为样品横截面积；H 为磁场中心位置的强度；S 为从样品底部垂直向上的距离。积分上式得：

$$f = \frac{1}{2}(k - k_0)(H^2 - H_0^2)A \tag{12}$$

式中，k_0 为样品周围介质的体积磁化率（通常是空气，k_0 值很小）。如果 k_0 可以忽略，且样品最高处磁场强度 $H_0 = 0$ 时，整个样品受到的力为：

$$f = -\frac{1}{2}kH^2A \tag{13}$$

在非均匀磁场中，顺磁性物质受力向下，所以增重。测定时在天平右臂加减砝码使之平衡。若空样品管在有外磁场作用和无外磁场作用两种情况下的质量差为 ΔW_0，同一样品管装有样品后在有外磁场和无外磁场作用时的质量差为 ΔW，则：

$$f = (\Delta W - \Delta W_0)g \tag{14}$$

式中，g 为重力加速度。与式(13) 相联系，则有：

$$-\frac{1}{2}kH^2A = (\Delta W - \Delta W_0)g \tag{15}$$

已知 H、A，测得 ΔW_0 和 ΔW 后，可由式(15) 求得 k。

H 和 A 的大小可进行直接测量，亦可用标准样品标定。方法是在该样品管中装入相同高度的标准物 s，做同样的实验测定，测得样品管装上标准物后在有无磁场时的质量差 ΔW_s 有：

$$-\frac{1}{2}k_sH^2A = (\Delta W_s - \Delta W_0)g \tag{16}$$

式(15) 和式(16) 相比得：

$$\frac{k}{k_s} = \frac{\Delta W - \Delta W_0}{\Delta W_s - \Delta W_0} \tag{17}$$

即

$$k = \frac{\Delta W - \Delta W_0}{\Delta W_s - \Delta W_0}k_s \tag{18}$$

将 $\rho = \dfrac{W}{hA}$ 代入公式(6) 得到：

$$K_M = Mk/\rho = MkhA/W \tag{19}$$

其中 h 为样品高度（cm），将式(18) 代入式(19) 可得：

$$K_M = k_shA \cdot \frac{\Delta W - \Delta W_0}{\Delta W_s - \Delta W_0} \cdot \frac{M}{W} \tag{20}$$

又

$$K_M(s) = M_sk_sh_sA/W_s \tag{21}$$

且样品管中待测样品高度 h 与标准物的高度 h_s 相同，从而得到

$$K_M = \frac{K_M(s)W_s}{M_s} \cdot \frac{\Delta W - \Delta W_0}{\Delta W_s - \Delta W_0} \cdot \frac{M}{W} \tag{22}$$

式中，M、M_s 分别为待测样品和标准物的摩尔质量，$g \cdot mol^{-1}$；W、W_s 分别为待测样品和标准物的质量，g。

一般用莫尔盐 $[(NH_4)_2SO_4 \cdot FeSO_4 \cdot 6H_2O]$ 作为标准物，它的摩尔磁化率 $K_M(s)$ 与温度 T 的关系为：

$$K_M(s) = M_s \times 9500 \times 10^{-6}/(T+1)(cm^3 \cdot mol^{-1}) \tag{23}$$

代入式(22) 可得到：

$$K_M = \frac{9500 \times 10^{-6}W_s}{T+1} \cdot \frac{\Delta W - \Delta W_0}{\Delta W_s - \Delta W_0} \cdot \frac{M}{W} \tag{24}$$

其中 T 为热力学温度。

由实验测得样品的摩尔磁化率 K_M 后，再由式(10) 估算未成对电子数 n。

三、仪器与试剂

磁天平 1 台；样品管一个；研钵一套。

$(NH_4)_2SO_4 \cdot FeSO_4 \cdot 6H_2O$（莫尔盐，分析纯）；$FeSO_4 \cdot 7H_2O$（分析纯）；$CuSO_4 \cdot 5H_2O$（分析纯）；$K_4Fe(CN)_6 \cdot 3H_2O$（分析纯）。

四、实验步骤

1. 将各种待测样品和莫尔盐在研钵中研细备用。

2. 测定空样品管的重量。把干燥且干净的空样品管放在磁铁两磁极的中心位置，关闭仪器门。接通电源，在把励磁电流旋钮旋至 0A 时，按"采零"键使磁场强度显示为"0000"，测定空管重量。然后慢慢增大励磁电流，把磁场强度调到 300mT，再次称重，记录数据。称重结束后，把磁场强度调回"0000"。

3. 测定标准物的重量。在样品管中装入莫尔盐，样品要装得紧密均匀、端面平整，装样的高度视磁极情况而定，用直尺准确测量样品高度。把样品管底部放在磁铁两磁极的中心位置并与磁场探头保持合适距离，在磁场强度为 0 和 300mT 时分别称重，记录数据。称重结束后，把磁场强度调回"0000"。

4. 测定待测物的重量。从样品管中倒出标准物，洗净烘干样品管，在管中加入待测样品，使样品与之前标准物在管中的高度一致。在磁场强度为 0 和 300mT 时分别称重并记录数据，称重结束后，把磁场强度调回"0000"。重复操作，依次测定所有的待测样品。

5. 确认励磁电流为"0"时，关闭电源。把样品倒回指定试剂瓶中，洗涤并烘干样品管。

五、数据处理

1. 列表标出测定数据。
2. 求各样品的摩尔磁化率 K_M。
3. 估算样品的未成对电子数 n。
4. 讨论样品中心离子的 d 电子的排布情况。

六、思考题

1. 样品管装样的多少对实验结果有无影响？为什么样品要装得均匀紧密？
2. 本实验测定的 K_M 的主要误差来源是什么？

实验 44　分子偶极矩的测定

一、实验目的

1. 了解偶极矩概念及其与分子电性质的关系。
2. 掌握小型电容仪的使用方法。
3. 测定丙酮分子的偶极矩。

二、实验原理

1. 偶极矩和极化度

分子可以近似看成由带负电的电子和带正电的原子核构成。由于其空间构型不同，其正、负电荷中心可以是重合的，也可以不重合，前者称为非极性分子，后者称为极性分子。德拜提出可以用偶极矩 $\pmb{\mu}$ 来衡量分子极性的大小，偶极矩的大小为正负电荷所带电荷量与正负电荷中心之间距离的乘积。它的大小反映了分子结构中电子云的分布和分子对称性等情况，还可以用它来判断几何异构体和分子的立体结构。其数学表达式为：

$$\boldsymbol{\mu} = qr \tag{1}$$

式中，q 为正、负电荷中心所带电荷量；r 为正、负电荷中心之间的距离。

极性分子具有永久偶极矩。但由于分子的热运动，偶极矩指向各个方向的机会相同，所以偶极矩的统计值等于 0。若将极性分子置于均匀的外电场中，分子将沿电场方向转动，同时还会发生电子云对分子骨架的相对移动和分子骨架的变形，称为极化。极化的程度用摩尔极化度 P 来度量。

若将极性分子置于均匀电场 E 中，则偶极矩在电场的作用下趋向电场方向排列，分子被极化，极化的程度可用摩尔转向极化度 $P_{转向}$ 来衡量，其大小与永久偶极矩的平方成正比，与热力学温度成反比：

$$P_{转向} = \frac{4}{9}\pi L \frac{\mu^2}{kT} \tag{2}$$

在外电场作用下，不论永久偶极为零或不为零的分子都会发生电子云对分子骨架的相对移动，分子骨架也会因电场分布不均衡发生变形，这种情况称为诱导极化或变形极化。用摩尔变形极化度 $P_{变形}$ 来衡量。它分为电子极化度和原子极化度两部分，大小与外电场强度成正比，而与温度无关。即：$P_{变形} = P_{电子} + P_{原子}$ 对于交变电场，分子极化情况与交变电场的频率有关，在频率较低时，极性分子的摩尔极化度为转向极化度、电子极化度、原子极化度的总和。

$$P = P_{转向} + P_{变形} = P_{转向} + (P_{电子} + P_{原子}) = \frac{4}{9}\pi L \frac{\mu^2}{kT} + P_{电子} + P_{原子} \tag{3}$$

由于 $P_{原子}$ 在 P 中所占的比例很小，所以在不很精确的测量中可以忽略 $P_{原子}$，式（3）可写成：

$$P = P_{转向} + P_{电子} \tag{4}$$

只要在低频电场（$\nu < 10^{10}\,\text{s}^{-1}$）或静电场中测得 P；在 $\nu \approx 10^{15}\,\text{s}^{-1}$ 的高频电场（紫外可见光）中，由于极性分子的转向和分子骨架变形跟不上电场的变化，故 $P_{转向} = 0$，$P_{原子} = 0$，所以测得的是 $P_{电子}$。这样由式（4）可求得 $P_{转向}$，再由式（2）计算 $\boldsymbol{\mu}$。

通过偶极矩，可以了解分子中电子云的分布和分子对称性，判断几何异构体和分子的立体结构。

2. 溶液法测定偶极矩

所谓溶液法就是将极性待测物溶于非极性溶剂中进行测定，然后外推到无限稀释。因为在无限稀的溶液中，极性溶质分子所处的状态与它在气相时十分相近，此时分子的偶极矩可按下式计算：

$$\boldsymbol{\mu} = 0.0426 \times 10^{-30}\sqrt{(P_2^\infty - R_2^\infty)T} \tag{5}$$

式中，P_2^∞ 和 R_2^∞ 分别表示无限稀时极性分子的摩尔极化度和摩尔折射度（习惯上用摩尔折射度表示折射法测定的 P 电子）；T 是热力学温度。$\boldsymbol{\mu}$ 的单位是库仑·米。

（1）极化度的测定。无限稀时，溶质摩尔极化度 P_2^∞ 的计算公式为：

$$P = P_2^\infty = \lim_{P_2 \to 0} P_2 = \frac{3\varepsilon_1 \alpha}{(\varepsilon_1 + 2)^2} \cdot \frac{M_1}{\rho_1} + \frac{\varepsilon_1 - 1}{\varepsilon_1 + 2} \cdot \frac{M_2 - \beta M_1}{\rho_1} \tag{6}$$

式中，ε_1、ρ_1、M_1 分别是溶剂的介电常数、密度和分子量，其中密度的单位是 g·cm^{-3}；

M_2 为溶质的分子量；α 和 β 为常数，可通过稀溶液的近似公式求得。

$$\varepsilon_\text{溶} = \varepsilon_1(1 + \alpha x_2) \tag{7}$$

$$\rho_\text{溶} = \rho_1(1 + \beta x_2) \tag{8}$$

式中，$\varepsilon_\text{溶}$ 和 $\rho_\text{溶}$ 分别是溶液的介电常数和密度；x_2 是溶质的摩尔分数。

（2）折射度的测定。无限稀释时，溶质摩尔折射度 R_2^∞ 的计算公式为：

$$P_\text{电子} = R_2^\infty = \lim_{R_2 \to 0} R_2 = \frac{n_1^2 - 1}{n_1^2 + 2} \cdot \frac{M_2 - \beta M_1}{\rho_1} + \frac{6n_1^2 M_1 \gamma}{(n_1^2 + 2)^2 \rho_1} \tag{9}$$

式中，n_1 为溶剂的折射率；γ 为常数，可由稀溶液的近似公式求得。

$$n_\text{溶} = n_1(1 + \gamma x_2) \tag{10}$$

式中，$n_\text{溶}$ 是溶液的折射率。

3. 介电常数的测定

介电常数是通过测定电容计算而得的。设 C_0 为电容器极板间处于真空时的电容，C 为充以电介质时的电容，则 C 与 C_0 之比值 ε 称为该电介质的介电常数：

$$\varepsilon = C / C_0 \tag{11}$$

空气的介电常数 $\varepsilon = 1.000583$，很接近 1，故介电常数近似为：

$$\varepsilon = C / C_\text{空} \tag{12}$$

用小型电容仪测得的电容 $C'_\text{样}$ 包括样品电容 $C_\text{样}$ 和电容池的分布电容 C_d：

$$C'_\text{样} = C_\text{样} + C_d \tag{13}$$

测定 C_d 的方法如下。用一已知介电常数 $\varepsilon_\text{标}$ 的标准物质测定电容为 $C'_\text{标}$，再测电容器中不放样品时的电容 $C'_\text{空}$，近似取 $C_0 = C_\text{空}$，得到：

$$C'_\text{空} = C_\text{空} + C_d \tag{14}$$

$$C'_\text{标} = C_\text{标} + C_d \tag{15}$$

$$\varepsilon_\text{标} = C_\text{标} / C_\text{空} \tag{16}$$

所以：

$$C_d = \frac{\varepsilon_\text{标} \, C'_\text{空} - C'_\text{标}}{\varepsilon_\text{标} - 1} \tag{17}$$

据此得到 C_d 后，代入式（13）即可求得 $C_\text{样}$。

利用小型电容仪、液体比重天平、阿贝折光仪可分别测量溶液的电容、密度、折射率，进而计算出偶极矩。

三、仪器与试剂

阿贝折光仪；液体比重天平；电吹风 1 只；介电常数实验装置 1 套；超级恒温槽；磨口锥形瓶 5 个；干燥器 1 台；比重管 1 支。

丙酮（分析纯）；环己烷（分析纯）。

四、实验步骤

1. 溶液的配制

用称量法配制 5 个浓度的丙酮-环己烷溶液约 100mL，分别盛于磨口锥形瓶中，其浓度（质量分数 w_B）分别为 0.020、0.040、0.060、0.080、0.100。操作时应注意防止挥发以及吸收极性较大的水汽，因此溶液配好后应迅速盖上瓶塞，并置于干燥器中存放。

2. 密度的测定

在实验温度下，利用液体比重天平测定上述液体的密度以及纯溶剂和纯溶质的密度。

3. 折射率的测定

在实验温度下，用阿贝折光仪测定环己烷及各配制溶液的折射率 n_1 和 n_2。测定时注意各样品需加样三次，每次读取一个数据，取其平均值。

4. 介电常数的测定

本实验采用环己烷作为标准物质。用电吹风将电容池两极间的空隙吹干，旋上金属盖，将电容池与介电常数测量仪接通。在实验温度下测定电容，三次读数取平均值作为 $C'_空$。用滴管吸取干燥器中的环己烷，从金属盖的中间加入，使液面超过两电极，盖上塑料塞。恒温数分钟后如上操作测定电容。测后取出样品，倒去液体，吹干，重新装样再次测定，两次测定电容的平均值即为 $C'_标$。

5. 溶液电容的测定

测定方法与环己烷的测量方法相同，用同上的方法加入待测溶液测出电容 $C'_溶$。两次测定的数据差值应小于 0.05pF。由于溶液易挥发而造成浓度改变，故加样时动作要迅速，加样后迅速盖紧盖子进行测定。

五、数据处理

1. 将所测数据列表。

2. 计算 $\varepsilon_标$。已知标准物环己烷的介电常数 $\varepsilon_标$ 与实验温度 t 的关系为：$\varepsilon_标 = 2.023 - 0.0016(t/℃ - 20)$

3. 计算 C_d 和 $C_空$。

4. 计算 $C_溶$ 和 $\varepsilon_溶$。

5. 根据公式(7)、(8)、(10)，分别作 $\varepsilon_溶 \text{-} x_2$ 图、$\rho_溶 \text{-} x_2$ 图和 $n_溶 \text{-} x_2$ 图，出各图的斜率求 α、β、γ。

6. 计算 P_2^∞ 和 R_2^∞。

7. 计算丙酮分子的偶极矩。

六、思考题

1. 分析本实验误差的主要来源，如何改进？

2. 在本实验中转向极化率如何测量？

3. 测定介电常数时，如何最大限度保证分布电容 C_d 为定值？

4. 变形极化由哪几个部分组成？本实验在求偶极矩时，是如何考虑这一问题的？

5. 溶液法测定极性分子的偶极矩为何与气相时的测定值有一定的偏差？

实验 45　X 射线衍射法测定晶胞参数

一、实验目的

1. 掌握晶体对 X 射线衍射的基本原理和晶胞参数的测定方法。

2. 了解 X 射线衍射仪的基本结构和使用方法。

3. 了解 X 射线粉末图的分析和应用。

二、实验原理

1. Bragg 方程

晶体是由具有一定结构的原子、原子团（或离子团）按一定的周期在三维空间重复排列而成的。反映整个晶体结构的最小平行六面体单元称为晶胞。晶胞的形状及大小可通过夹角 α、β、γ 的三个边长 a、b、c 来描述。因此，α、β、γ 和 a、b、c 称为晶胞参数。

Bragg 方程的着眼点是将晶体分解成相互平行、间距相等的一组晶面，或者说将空间点阵分解成相互平行、间距相等的一组平面点阵（用晶面指标 hkl 表示），将衍射等效地看作平面点阵的反射，再考虑相邻平面点阵之间反射互相加强的条件，这种加强条件就是 Bragg 方程。然而，把衍射等效地视为反射是有条件的：只有在等程面上，衍射才能等效地视为反射。在空间点阵的三条直线点阵上，相邻两点的距离分别是 a、b、c，波程差分别为 $h\lambda$、$k\lambda$、$l\lambda$。如果再从这三条直线点阵上各找一个点阵点 R、S、T，与原点 O 的距离分别为 $OR=(kl)a$，$OS=(hl)b$，$OT=(hk)c$。用 $h\lambda$、$k\lambda$、$l\lambda$ 分别取代 a、b、c，就求得 R、S、T 与 O 之间的波程差，结果都等于 $(hkl)\lambda$，表明 R、S、T 三点之间没有波程差。进而，由这三点决定的平面点阵上任何两点都没有波程差，是一个等程面。根据等程面的定义，它的晶面截数是 kl、hl、hk，晶面指标为：$(1/kl):(1/hl):(1/hk)=h:k:l=h^*:k^*:l^*$，其中 hkl 可以有公约数，而 $h^*k^*l^*$ 是没有公约数的一套整数：$h=nh^*$，$k=nk^*$，$l=nl^*$。衍射指标与晶面指标对应地成同一整数倍关系 n（n 为正整数，且是 Bragg 方程中的衍射级数 n）。尽管同一个等程面上各点之间都没有波程差，但相互平行的各个等程面之间仍有波程差。其中，相邻平面点阵的波程差为 $2d\sin\theta$。只有相邻等程面之间的波程差为波长的整数倍时，衍射才会发生。这一条件就是 Bragg 方程：

$$2d_{h^*k^*l^*}\sin\theta_{hkl}=n\lambda \quad (n=1,2,3,\cdots)$$

衍射级数 n 的物理意义是相邻平面点阵衍射波程差的波数，即波程差相当于波长的倍数。由于 $|\sin\theta|$ 不可能大于 1，n 只能取数目有限的几个整数。n 越大，衍射角 θ 也越大。

一个立体的晶体结构可以看成是由其最邻近两晶面之间距为 $d_{(hkl)}$ 的这样一组平行晶面所组成，也可以看成是由另一组面间距为 $d_{(hkl)}$ 的晶面所组成……，其数无限。同一晶体，不同指标的晶面在空间的取向不同，晶面间距 $d_{(hkl)}$ 也不同。当某一波长的单色 X 射线以一定的方向投射到晶体时，晶体内的这些晶面像镜面一样反射入射线。但不是任何的反射都是衍射。只有那些面间距为 d 与入射的 X 射线的夹角为 θ，且两相邻晶面反射的光程差为波长的整数倍 n 的晶面组在反射方向的散射波，才会相互叠加而产生衍射，如图 1 所示。

光程差 $\Delta=AB+BC=n\lambda$，而 $AB=BC=d\sin\theta$，则：

$$2d\sin\theta=n\lambda \tag{1}$$

如果样品与入射线夹角为 θ，晶体内某一组晶面符合 Bragg 方程，那么其衍射方向与入射线方向的夹角为 2θ。对于多晶体样品（粒度约 0.01mm），在试样中的晶体存在着各种可能的晶面取向，与入射 X 射线成 θ 角的面间距为 d 的晶组面晶体不止一个，而是无穷个，且分布在以半顶角为 2θ 的圆锥面上，见图 2。在单色 X 射线照射多晶体时，满足 Bragg 方程的晶面组不止一个，而是有多个衍射圆锥相应于不同面间距 d 的晶面组和不同的 θ 角。当 X 射线衍射仪的计数管和样品绕试样中心轴转动时（试样转动 θ 角，计数管转动 2θ），就可以把满足 Bragg 方程的所有衍射线记录下来。衍射峰位置 2θ 与晶面间距（即晶胞大小和形状）有关，而衍射线的强度（即峰高）与该晶胞内原子、离子或分子的种类、数目以及它们在晶胞中的位置有关。由于任何两种晶体的晶胞形状、大小和内含物总存在着差异，所以 2θ 和相对强度（I/I_0）可作为物相分析的依据。

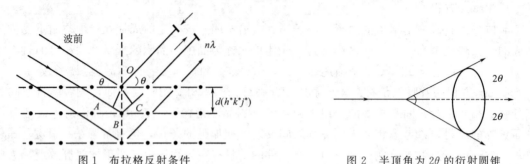

图 1　布拉格反射条件　　　　　　　　图 2　半顶角为 2θ 的衍射圆锥

2. 晶胞大小的测定

以晶胞常数 $\alpha = \beta = \gamma = 90°$，$a \neq b \neq c$ 的正交系为例，由几何结晶学可推出：

$$\frac{1}{d} = \sqrt{\frac{h^{*2}}{a^2} + \frac{k^{*2}}{b^2} + \frac{l^{*2}}{c^2}} \tag{2}$$

式中，h^*、k^*、l^* 为密勒指数（即晶面符号）。

对于四方晶系，因 $\alpha = \beta = \gamma = 90°$，$a = b \neq c$，式（2）可简化为：

$$\frac{1}{d} = \sqrt{\frac{h^{*2} + k^{*2}}{a^2} + \frac{l^{*2}}{c^2}} \tag{3}$$

对于立方晶系，因 $\alpha = \beta = \gamma = 90°$，$a = b = c$，式（2）可简化为：

$$\frac{1}{d} = \sqrt{\frac{h^{*2} + k^{*2} + l^{*2}}{a^2}} \tag{4}$$

至于六方、三方、单斜和三斜晶系的晶胞常数、面间距与密勒指数间的关系，可参阅任何 X 射线结构分析的书籍。

从衍射谱中各衍射峰所对应的 2θ 角，通过 Bragg 方程求得的只是相对应的各 $\dfrac{n}{d}$ $\left(= \dfrac{2\sin\theta}{\lambda} \right)$ 值。因为我们不知道某一衍射是第几级衍射，为此，如将式（2）～式（4）的等式两边各乘以 n。对于正交晶系：

$$\frac{n}{d} = \sqrt{\frac{n^2 h^{*2}}{a^2} + \frac{n^2 k^{*2}}{b^2} + \frac{n^2 l^{*2}}{c^2}} = \sqrt{\frac{h^2}{a^2} + \frac{k^2}{b^2} + \frac{l^2}{c^2}} \tag{5}$$

对于四方晶系：

$$\frac{n}{d} = \sqrt{\frac{n^2 h^{*2} + n^2 k^{*2}}{a^2} + \frac{n^2 l^{*2}}{c^2}} = \sqrt{\frac{h^2 + k^2}{a^2} + \frac{l^2}{c^2}} \tag{6}$$

对于立方晶系：

$$\frac{n}{d} = \sqrt{\frac{n^2 h^{*2} + n^2 k^{*2} + n^2 l^{*2}}{a^2}} = \sqrt{\frac{h^2 + k^2 + l^2}{a^2}} \tag{7}$$

式（5）～式（7）中 h、k、l 为衍射指数，它与密勒指数的关系为：

$$h = nh^*, k = nk^*, l = nl^* \tag{8}$$

这两者的差异：密勒指数不带有公约数。

因此，若已知入射 X 射线的波长，从衍射谱中直接读出各衍射峰的 θ 值，通过 Bragg 方程（或直接从《Tables for Conversion of X-ray diffraction Angles to Interplanar Spacing》的表中查得）可求得所对应的各 $\dfrac{n}{d}$ 值，如又知道各衍射峰所对应的衍射指数，则立方（或四方或正交）晶胞的晶胞常数就可定出。这一寻找对应各衍射峰指数的步骤称"指标化"。

对于立方晶系，指标化最简单，由于 h、k、l 为整数，所以各衍射峰的 $\left(\dfrac{n}{d}\right)^2$（或 $\sin^2\theta$），以其中最小的 $\left(\dfrac{n}{d}\right)$ 值除之，所得的数列应为一整数列。如为 $1:2:3:4:\cdots$。则按 θ 角增大的顺序，标出各衍射线的衍射指数（h、k、l）为 100，110，200，…见表 1。

表 1　立方点阵衍射指标及平方和

$h^2+k^2+l^2$	简单(P)	体心(I)	面心(F)	$h^2+k^2+l^2$	简单(P)	体心(I)	面心(F)
1	100			14	321	321	
2	110	100		15			
3	111		111	16	400	400	400
4	200	200	200	17	410,322		
5	210			18	411,330	411	
6	211	211		19	331		331
7				20	420	420	420
8	220	220	220	21	421		
9	300,221			22	332	332	
10	310	310		23			
11	311		311	24	422	422	422
12	222	222	222	25	500,430		
13	320						

在立方晶系中，有素晶胞（P）、体心晶胞（I）和面心晶胞（F）三种形式。在素晶胞中衍射指数无系统消光；但在体心晶胞中，只有 $h+k+l=$ 偶数的粉末衍射线；而在面心晶胞中，只有 h、k、l 全为偶数或全为奇数的粉末衍射，其他的衍射线因散射线的相互干扰而消失（称为系统消光）。

对于立方晶系所能出现的（$h^2+k^2+l^2$）值：素晶胞 $1:2:3:4:5:6:8:\cdots$（缺 7，15，23 等）；体心晶胞 $2:4:6:8:10:12:14:16:18:\cdots=1:2:3:4:5:6:7:8:9:\cdots$；面心晶胞 $3:4:8:11:12:16:19:\cdots$。

因此，可由衍射谱的各衍射峰的 $\left(\dfrac{n}{d}\right)^2$ 或 $\sin^2\theta$ 来定出所测物质所属的晶系、晶胞的点阵型式和晶胞常数。

如不符合上述任何一个数值，则说明该晶体不属立方晶系，需要用对称性较低的四方、六方由高到低的晶系逐一分析决定。

知道了晶胞常数，就知道晶胞体积。在立方晶系中，每个晶胞中的内含物（原子或离子、分子）的个数 n，可按下式求得：

$$n = \frac{\rho \cdot a^3}{M/N_0} \tag{9}$$

式中，M 为待测样品的摩尔质量；N_0 为阿伏加德罗常数；ρ 为该样品的晶体密度。

三、仪器与试剂

Y-2000 型 X 射线衍射仪，研钵。

NaCl（分析纯）。

四、实验步骤

1. 制样：测量粉末样品时，把待测样品用研钵研磨至粉末状，样品的颗粒不能大于 200 目，把研细的样品倒入样品板，至稍有堆起，在其上用玻璃片紧压，样品的表面必须与样品板齐平。

2. 装样：安装样品时要轻插、轻拿，以免样品由于震动而脱落在测试台上。

3. 要随时关好内防护罩的罩帽和外防护罩的铅玻璃，防止 X 射线散射。

4. 接通总电源，此时，冷却水自动打开；再接通主机电源。

5. 接通主机和微机系统的电源，并引导 Y-2000 系统控制软件。

6. 打开计算机桌面上"X 射线衍射仪操作系统"，选择"数据采集"，填写参数表，进行参数选择，注意填写文件名和样品名，然后联机，待机器准备好后，即可测量。

7. 扫描完成后，保存数据文件，进行各种处理。系统提供六种处理功能：寻峰、检索、积分强度计算、峰形放大、平滑、多重绘图。

8. 对测量结果进行数据处理后，打印测量结果。

9. 测量结束后，退出操作系统，关掉主机电源，水泵要在冷却 20min 后，方可关掉总电源。

10. 取出装样品的玻璃板，倒出框穴中的样品，洗净样品板，晾干。

五、数据处理

1. 根据实验测得 NaCl 晶体粉末线的各 $\sin^2\theta$ 值，用整数连比起来，与上述规律对照，即可确定该晶体的点阵型式，从而可按表 1 将各粉末线顺次指标化。

2. 根据公式，利用每对粉末线的 $\sin^2\theta$ 值和衍射指标，即可根据公式：$a = \dfrac{\lambda}{2}\sqrt{\dfrac{h^2+k^2+l^2}{\sin^2\theta}}$ 计算晶胞常数 a。实际在精确测定中，应选取衍射角大的粉末线数据来进行计算，或用最小二乘法求各粉末线所得 a 值的最佳平均值。

3. NaCl 的分子量 $M = 58.5$，NaCl 晶体的密度为 $2.164 \text{g} \cdot \text{cm}^{-3}$，则每个正当晶胞中 NaCl 的"分子"数为 $n = \dfrac{\rho V N_0}{M}$。

六、思考题

1. 简述 X 射线通过晶体产生衍射的条件。

2. 布拉格方程并未对衍射级数和晶面间距作任何限制，但实际应用中为什么只用到数量非常有限的一些衍射线？

3. 布拉格反射图中的每个点代表 NaCl 中的什么（一个 Na 原子？一个 Cl 原子？一个 NaCl 分子？还是一个 NaCl 晶胞）？试给予解释。

实验 46　分光光度法测定配合物的分裂能

一、实验目的

1. 了解配合物分裂能的概念。
2. 了解配体的强度对分裂能的影响。
3. 用分光光度法测定配合物的分裂能。

二、实验原理

过渡金属离子的 d 轨道在晶体场的影响下会发生能级分裂。金属离子的 d 轨道没有被电子充满时，处于低能量 d 轨道上的电子吸收了一定波长的可见光后，就跃迁到高能量的 d 轨道，这种 d-d 跃迁的能量差可以通过实验测定。

对于八面体的 $[Ti(H_2O)_6]^{3+}$ 在八面场的影响下，Ti^{3+} 离子的 5 个简并 d 轨道分裂为二重简并的 e_g^* 轨道和三重简并的 t_{2g} 轨道，e_g^* 轨道和 t_{2g} 轨道的能量差等于分裂能 Δ_0。根据

$$E_光 = Ee_g - Et_{2g} = \Delta_0 \tag{1}$$

$$E_光 = h\nu = hc/\lambda \tag{2}$$

式中，h 为普朗克常数，$6.626 \times 10^{-34} J \cdot s$；$c$ 为光速，$2.9989 \times 10^8 m \cdot s^{-1}$；$E_光$ 为可见光光能，J；ν 为频率，s^{-1}；λ 为波长，nm。

Δ_0 常用波数的单位 cm^{-1} 表示。由上式知，$1 cm^{-1}$ 相当于 $1.986 \times 10^{-23} J$，因为 h 和 c 都是常数，当一摩尔电子跃迁时，则 $hc=1$，于是

$$\Delta_0 = 10^{-7}/\lambda \quad (cm^{-1}) \tag{3}$$

λ 是 $[Ti(H_2O)]^{3+}$ 吸收峰对应的波长，单位是 nm。

对于八面体的 $[Cr(H_2O)_6]^{3+}$ 和 $(Cr-EDTA)^-$ 配离子，中心离子 Cr^{3+} 的 d 轨道上有 3 个 d 电子，除了受八面体场的影响之外，还因电子间的相互作用使 d 轨道产生如图 1 所示的能级分裂，所以这些配离子吸收了可见光的能量后，就有 3 个相应的电子跃迁吸收峰，其中电子从 t_{2g} 轨道跃迁到 e_g^* 轨道所需的能量等于 10Dq。

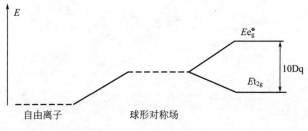

图 1　d 轨道能级分裂图

本实验只要测定上述各种配离子在可见光区的相应光密度 A，作 A-λ 吸收曲线，则可用曲线中能量最低的吸收峰所对应的波长，代入式(3)计算 Δ_0 值。

光密度的测定采用紫外-可见分光光度计。

三、仪器与试剂

台秤；紫外-可见分光光度计；容量瓶（50mL）；烧杯（50mL）；移液管（5mL）。

15% $TiCl_3$；$CrCl_3 \cdot 6H_2O$；EDTA 二钠盐。

四、实验步骤

1. $[Cr(H_2O)_6]^{3+}$ 溶液的配制

称取 0.3g $CrCl_3 \cdot 6H_2O$ 于 50mL 烧杯中，加少量水溶解，转移至 50mL 容量瓶中，稀释至刻度，摇匀。

2. $(Cr\text{-}EDTA)^-$ 溶液的配制

称取 0.5g EDTA 二钠盐于 50mL 烧杯中，用 30mL 水加热溶解后，加入约 0.05g $CrCl_3 \cdot 6H_2O$，稍加热得紫色的 $(Cr\text{-}EDTA)^-$ 溶液。

3. $[Ti(H_2O)_6]^{3+}$ 溶液的配制

用移液管吸取 5mL $TiCl_3$ 水溶液于 50mL 容量瓶中，稀释至刻度，摇匀。

4. 测定光密度

在波长范围（420～600nm）内，以蒸馏水作参比，每隔 10nm 波长测定上述溶液的光密度（在吸收峰最大值附近，波长间隔可适当减小）。

五、数据处理

1. 以表格形式记录实验有关数据。

2. 由实验测得的波长 λ 和相应的光密度 A 绘制 $[Ti(H_2O)_6]^{3+}$、$[Cr(H_2O)_6]^{3+}$ 和 $(Cr\text{-}EDTA)^-$ 的吸收曲线（A-λ 吸收曲线可由相关软件绘出）。

3. 分别计算出上述配离子的 Δ_0 值。

六、思考题

1. 配合物的分裂能 Δ_0（10Dq）受哪些因素的影响？

2. 本实验测定吸收曲线时，溶液浓度的高低对测定 Δ_0 的值是否有影响？

第6章 化学工程

实验 47　液体流量测定与流量计校验

一、实验目的

1. 了解流量计的构造、原理、特点。
2. 掌握用直接容量法对流量计进行标定的方法。
3. 通过实验测定流量系数与雷诺数之间的关系。

二、实验原理

流体流量测定对于流量的控制以及物料衡算都具有十分重要的意义。流体流量的测定，包括不可压缩流体和可压缩流体两类流体流量的测定。液体流量的测量方法主要有直接测量法和采用流量测量仪表的间接测量法。

实验装置中所用流量测量仪表主要有标准孔板流量计、文丘里流量计、转子流量计以及自制非标准孔板流量计等。由于测量范围、测量流体种类及温度的变化，在测量流量之前，应以直接流量测量法对这些流量计进行流量标定，根据测定结果作出流量校正曲线，以供流体流量测量使用。

流量指单位时间内流体流过管道截面上的体积或质量，因此有体积流量（q_V）与质量流量（q_m）之分。流量与流体测量时的状态有关，以体积表示流量时，应标明温度和压强。

流量的测量方法分为直接方法和间接方法。直接法又分为直接容量法和直接质量法。间接方法又称为仪表法，借助于流量测量仪表孔板流量计、文丘里流量计、转子流量计等来进行。

1. 孔板流量计

孔板流量计的构造原理如图 1 所示。在水平管路上装有节流装置——孔板，孔板两侧接出测压管，分别与 U 形压差计或倒置 U 形压差计相连接。

孔板流量计利用流体通过锐孔的节流作用，使流速增大，压力减小，造成孔板前、后压力差，作为测量的依据。

若管路直径为 d_1，孔板锐孔直径为 d_0，流体密度为 ρ。设板孔前导管处和锐孔处的速度和压强分别为 u_1、u_0 与 p_1、p_0。

根据稳定流体的连续性方程有：

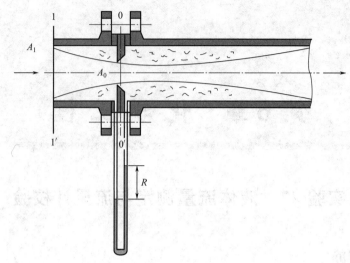

图 1　孔板流量计的构造原理

$$\frac{u_0}{u_1} = \left(\frac{d_1}{d_0}\right)^2 \tag{1}$$

在管路截面 1-1′ 和孔板锐孔处截面 0-0′ 之间进行机械能衡算可得：

$$u_0 = \sqrt{\frac{(p_1 - p_0)/\rho - \sum h_{f,1-0}}{\frac{1}{2}\left[1 - \left(\frac{d_0}{d_1}\right)^4\right]}} \tag{2}$$

如果忽略压差计实际安装位置与机械能衡算所取截面不同，忽略孔板的流通截面积，忽略 1 与 0 之间阻力损失，并将忽略因素全部归于校正系数 C_0 中，则式(1) 可变为：

$$u_0 = C_0 \sqrt{\frac{2(p_1 - p_2)}{\rho}} \tag{3}$$

根据 u_0 和 A_0 可计算流体的体积流量：

$$q_V = A_0 u_0 = C_0 A_0 \sqrt{\frac{2(p_1 - p_2)}{\rho}} = C_0 A_0 \sqrt{\frac{2(\rho_R - \rho)gR}{\rho}} \tag{4}$$

式中，R 为 U 形压差计示数（液柱高度差），m；ρ_R 为压差计中指示液的密度，kg·m^{-3}；C_0 称为孔板流量系数，它由孔板锐孔的形状，测压口位置，孔径与管径比 $\frac{d_0}{d_1}$ 和雷诺数 Re 所决定，具体数值由实验测定，当孔板的 $\frac{d_0}{d_1}$ 一定后，Re 超过某个数值后，C_0 就接近于定值，一般工业上定型的流量计，就是规定在 C_0 为定值流动条件下使用。

2. 文丘里流量计

孔板流量计装置简单，但其主要缺点是阻力损失大，文丘里流量计针对孔板流量计的问题，使流量计的管径逐渐缩小，然后逐渐扩大，以减少涡流损失，其构造如图 2 所示。

同理，依照孔板流量计测量流量的原理及流量测量公式(4)，可得流经文丘里流量计的流体的体积流量：

$$q_V = C_V A_0 \sqrt{\frac{2gR(\rho_R - \rho)}{\rho}} \tag{5}$$

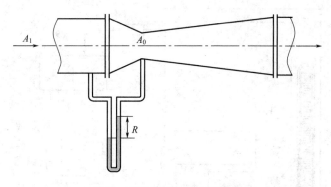

图 2　文丘里流量计构造原理

式中，A_0 为管喉截面积，C_V 为文丘里流量计的流量系数，其数值随雷诺数而改变。流量系数的具体数值亦由实验测定。在湍流情况下，当喉管与径管比为 $\dfrac{d_0}{d_1} = \dfrac{1}{4} \sim \dfrac{1}{2}$ 时，C_V 约为 0.98。

3. 转子流量计

转子流量计的构造如图 3 所示。它由一根垂直的略呈锥形的玻璃管和转子组成。转子流量计需在垂直管路上安装，流体自下而上流过流量计。锥形玻璃管截面积由下至上逐渐增大，流体的流量由转子停留平衡位置的高度决定。

转子流量计以节流作用为依据，其对流量测定的原理是：流体流过转子与锥形玻璃管环隙中的流速恒定，通过调整环隙的截面积（即转子停留位置的高度）来实现流量的测量。

当流体以一定的流量流过环隙，作用在转子下端面与上端面的压力差、流体对转子的浮力和转子的重力三者互相平衡时，转子就停留在一定高度上。流量变化时，转子移动到新的位置，达到新的平衡。转子流量计的流量公式为：

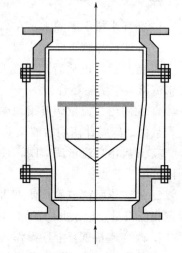

$$q_V = C_R A_R \sqrt{\dfrac{2g V_f (\rho_f - \rho)}{A_f \rho}} \qquad (6)$$

图 3　转子流量计构造原理图

式中，A_R 为环隙的截面积，m^2；V_f 为转子体积，m^3；A_f 为转子最大截面积，m^2；ρ 为流体的密度，$kg \cdot m^{-3}$；ρ_f 为压差计中指示液的密度，$kg \cdot m^{-3}$；C_R 为转子流量计的流量系数。C_R 的值与转子的形状及流体通过环隙的 Re 有关，其具体数值由实验测定。

三、仪器与试剂

实验仪器如图 4 所示，主要部分由离心泵、低位储槽、高位槽、注水阀，管路、流量调节阀、流量计串联组合而成，实验导管的内径 $d = 20.8$ mm；孔板流量计的孔径 $d_0 = 14$ mm；孔流系数 $C_0 = 0.67$。1000mL 量筒 1 个；秒表 1 个；1 支 0～50℃温度计；测试介质为水。接水位置一般可根据实验装置特点选择在管路的末端。

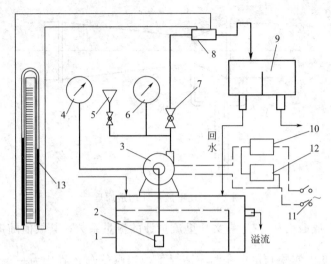

图 4 流量测量实验装置流程（此装置图参照清华教仪离心泵实验仪器绘制）

1—循环水槽；2—底阀；3—离心泵；4—真空表；5—注水口；6—压力表；7—流量调节阀门；
8—孔板流量计；9—分流槽；10—电流表；11—电源；12—电压表；13—U 形压差计

四、实验步骤

1. 循环水槽中灌满水，在高位水槽中悬挂一支温度计，用以测量水的温度。

2. 在实验导管入口调节阀关闭状态下启动循环水泵。

3. 待泵运转正常后，缓慢开启导管入口流量调节阀使水的流量逐渐增大，通过排气，使水流满整个实验导管。

4. 关闭出口流量调节阀，调整与孔板流量计相连的 U 形压差计的初始液位在 0 刻度左右，且保证压差计两端的液位差为零。

5. 开启出口流量调节阀，使 U 形压差计两端的液位差达到最大值，并在此最大压差范围内分配实验点。

6. 调节流量调节阀，使 U 形压差计两端的液位差为某一确定值，在此流量下以容量法测定相应流量，记录此时的水温、压差计读数、接水体积和接水时间。

7. 改变流量重复上述操作，在允许流量范围内，测取 7～8 组数据。

8. 实验完成后关闭实验系统。

实验注意事项如下：

1. 循环水泵应在管路流量调节阀关闭状态下启动。

2. 管道和压差计连接管内，不能存在气泡，否则影响测量准确度。

3. 标定测量计时，要求由小流量到大流量，再由大流量到小流量，重复两次，取其平均值。

五、数据处理

1. 记录被检流量计的基本参数。

孔板流量计：

锐孔孔径 $d_0 = 14$mm；管道内径 $d_1 = 20.8$mm。

2. 将实验测得的流量、压差计示数等，可以参照下表进行记录。

水温：

编号	流量计压差计示数 R/mmH_2O	温度 $T/℃$	时间 t/s	体积 V/mL

3. 根据实验室测定的水温，从手册中查出下列各项物理常数。

水的密度：　　　　　　　　　　黏度：

4. 根据设备基本参数，物性数据和实验测定值，参考下列表格进行数据整理。

流量计压差计示数 R/mmH_2O	平均体积流量 $q_V/mL \cdot s^{-1}$	管内流速 $u_l/m \cdot s^{-1}$	孔处流速 $u_0/m \cdot s^{-1}$	孔板处雷诺数 Re_0	流量系数 C_0

5. 根据实验结果，绘制体积流量校正曲线（q_V-R）；绘制流量系数与锐孔雷诺数的关系曲线（C_0-Re_0）。

六、思考题

1. 实验中所用压差计为倒置 U 形，体积流量的计算公式有何变化？

2. 从实验结果绘制的 C_0-Re_0 关系曲线中，可以得出什么结论？

3. 分析孔板流量计的优缺点和适用范围。

实验 48　离心泵特性曲线的测定

一、实验目的

1. 了解离心泵的结构、安装高度、气缚现象和预防措施。

2. 了解表压和真空度的测量方法；熟悉离心泵的安装流程和正常的操作过程。

3. 掌握离心泵各项主要特性及其相互关系，进而加深对离心泵的性能和操作原理的理解。

4. 借助于给定测量仪器，完成一定电机转速下的泵的特性曲线的测定。

二、实验原理

离心泵是常用的一类液体输送设备。在离心泵的选型过程中，首先要了解输送流体的种类、流体的流量及单位质量的流体需要从离心泵获得的有效功，然后参考由厂家提供的离心泵的特性曲线或不同流量下的一系列特征参数，进而确定离心泵的种类和型号。因而掌握测定离心泵特性曲线的实验方法十分必要。

离心泵的主要特性参数有流量、扬程、功率和效率，这些参数不仅表征了泵的性能，也是正确选择和使用泵的主要依据。

1. 泵的流量

泵的流量即泵的送液能力，指单位时间内泵所排出的液体体积。泵的流量可按直接流量测定法，由一定时间 t 内排出液体的体积 V 或质量 m 来测定，即：

$$q_V = \frac{V}{t} \quad m^3 \cdot s^{-1} \tag{1}$$

或

$$q_V = \frac{m}{\rho t} \quad m^3 \cdot s^{-1} \tag{2}$$

若泵的输送系统中安装有经过标定的流量计时，泵的流量也可由流量计测定。当系统中装有孔板流量计时，流量大小由压差显示，流量 q_V 与倒置 U 形管压差计读数 R 之间存在如下关系：

$$q_V = C_0 A_0 \sqrt{2gR} \quad m^3 \cdot s^{-1} \tag{3}$$

式中，C_0 为孔板流量系数；A_0 为孔板锐孔面积，m^2。

2. 泵的扬程

泵的扬程即总压头，表示单位重量液体从泵中获得的机械能。若以泵的压出管路中装有压力表处管路截面为 B 截面，以吸入管路中装有真空表处管路截面为 A 截面，并在此两截面之间列机械能衡算公式，则可得出泵扬程 H_e' 的计算公式：

$$H_e' = H_0 + \frac{p_B - p_A}{\rho g} + \frac{u_B^2 - u_A^2}{2g} + \sum H_{f,A\text{-}B} \tag{4}$$

式中，p_B 为泵出口截面 B 上的压力，Pa；p_A 为泵入口截面 A 上的压力，Pa；H_0 为 A、B 两个截面之间的垂直距离，m；u_A 为 A 截面处的液体流速，$m^3 \cdot s^{-1}$；u_B 为 B 截面处的液体流速，$m^3 \cdot s^{-1}$；$\sum H_{f,A\text{-}B}$ 为 A 与 B 两个截面间的压头损失。

3. 泵的功率

在单位时间内，液体从泵中实际所获得的功，即为泵的有效功率。若测得泵的流量为 q_V，扬程为 H_e'，被输送的液体密度为 ρ，则泵的有效功率 P_e 可按下式计算：

$$P_e = q_V H_e' \rho g \quad J \cdot s^{-1} \text{或} W \tag{5}$$

泵所做的实际功不可能被输送液体全部获得，其中部分消耗于泵内的各种能量损失。单位时间内电动机输送给泵轴的功率成为泵的轴功率，记作 P。

4. 泵的效率

泵的效率为泵的有效功率 P_e 与泵的轴功率 P 之比，即：

$$\eta = \frac{P_e}{P} \tag{6}$$

电动机所消耗的功率可直接由输入电压 U 和电流 I 测得。泵的总效率可由泵的有效功率和电动机实际消耗功率计算得出。即：

$$\eta_{总} = \frac{P_e}{UI} J \cdot s^{-1} \text{或} W \tag{7}$$

这时，得到的泵的总效率除了泵的效率外，还包括传动效率和电动机的效率。

5. 离心泵特性曲线

泵的各项特性参数并不是孤立的，而是相互制约的。为了全面准确地表征离心泵的性能，需要在一定转速下，将实验测得的各项参数即 H_e'、P、η 与 q_V 之间的变化关系绘成一组曲线，这组关系曲线称为离心泵特性曲线，如图 1 所示，离心泵特性曲线使离心泵的操作性能得到完整的概念，并由此可确定泵的最适宜操作状况。

通常，离心泵在恒定转速下运转，离心泵特性曲线也随之而异。泵的 q_V、H_e'、P_e、n

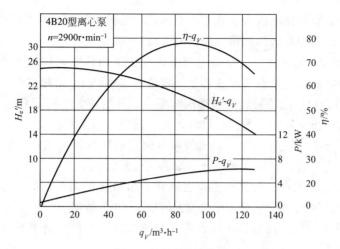

图 1　离心泵特性曲线

之间大致存在如下关系，

$$\frac{q_V}{q_V'}=\frac{n}{n'};\frac{H_e'}{H_e''}=\left(\frac{n}{n'}\right)^2;\frac{P_e}{P_e'}=\left(\frac{n}{n'}\right)^3 \tag{8}$$

三、仪器与试剂

本实验装置主体设备为一台单级单吸离心泵，实验装置及流程如图2所示。泵将循环水槽中的水，通过吸入导管吸入泵体，在吸入导管上端装上真空表，下端装有底阀（单向阀），水由泵的出口进入压出导管，压出导管沿途装有压力表、调节阀和孔板流量计。循环水槽中需插入一支温度计。测试介质为水。

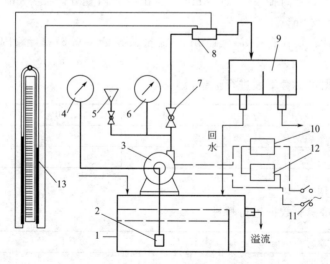

图 2　离心泵实验装置（此装置图参照清华教仪离心泵实验仪器绘制）

1—循环水槽；2—底阀；3—离心泵；4—真空表；5—注水口；6—压力表；7—流量调节阀门；

8—孔板流量计；9—分流槽；10—电流表；11—电源；12—电压表；13—U形压差计

四、实验步骤

1. 充水。调整离心泵吸入管路的单向阀，使之与管路接触完好。打开离心泵的注水阀门和排气阀，用锥形瓶从储槽内取水并灌入泵内，将泵内空气排出，当从透明端盖中观察到泵内已经灌满水后，将注水阀门和排气阀同时关闭。

2. 启动。启动前，先确认泵出口流量调节阀处于关闭状态，同时电机的调压器处于零点，然后合闸接通电源，缓慢调节调压器至额定电压（200V），泵随之启动。

3. 运行。泵启动后，叶轮旋转无振动声和噪声，叶轮内无气缚现象，电压表、电流表、压力表和真空表指示稳定，则表明运行已经正常，即可投入实验。

4. 调节流量计初始刻度。关闭入口流量调节阀，调整与孔板流量计相连的 U 形压差计的初始液位在 0 刻度左右，且保证压差计两端的液位差为 0。

5. 找量程，分布数据点。泵启动后，逐渐开启出口流量调节阀处于全开状态，记录指示流量计的压差计的最大变化范围，在此范围内取 7～8 个数据点。

6. 在一定流量下，用直接容量法（借助于量筒和秒表）测定体积流率，也可借助孔板流量计来测量流量。

7. 从压力表和真空表上读取压力和真空度的数值。

8. 从电压表和电流表上读取电压和电流值。

9. 分别按流量从大到小和从小到大的顺序重复以上测定。

10. 实验完毕，应先将泵出口调节阀关闭，再将调压器调回零点，最后再切断电源。

五、数据处理

1. 基本参数

（1）离心泵：流量 $q_V = 3.33 \times 10^{-4} \, \mathrm{m^3 \cdot s^{-1}}$；扬程 $H'_e = 5\mathrm{m}$；功率 $P = 120\mathrm{W}$；转速 $n = 2800\mathrm{r \cdot min^{-1}}$。

（2）管道：吸入导管内径 $d_1 = 20.8\mathrm{mm}$；压出导管内径 $d_2 = 20.8\mathrm{mm}$；A 与 B 两截面之间垂直距离 $H_0 = 230\mathrm{mm}$。

（3）孔板流量计：锐孔直径 $d_0 = 14\mathrm{mm}$；流量系数 $C_0 = 0.67$；导管内径 $d_1 = 20.8\mathrm{mm}$。

2. 实验数据

实验测得的数据可参考下表进行记录。

编号	$T/℃$	R/cm	p_A/MPa	p_B/MPa

3. 实验结果整理

（1）参考下表将实验数据进行整理。

编号	流量 $q_V/\mathrm{m^3 \cdot s^{-1}}$	扬程 H'_e/m	有效功率 P_e/W	总的效率 $\eta/\%$

（2）将实验数据结果绘成离心泵特性曲线。

六、思考题

1. 离心泵的各特性参数有什么关系？

2. 为了使测量数据点在图示坐标体系下均匀分布，在分配流量计的压差数据时应注意什么（提示：压差 R 和体积流量 q_V 为平方根关系）？

3. 在将 A、B 两个截面上测得的压力数据代入式（4）计算扬程 H_e' 时，应注意什么问题？

实验 49　固体流态化实验

一、实验目的

1. 观察固定床向流化床转变的过程。

2. 测定流化曲线和临界流化速度；计算临界流化速度并与实验测定结果进行对比。

3. 初步掌握流化床流动特性的实验研究方法，加深对流体流经固体颗粒床层的流动规律和固体流态化原理的理解。

二、实验原理

流态化简称流化。它是利用流动流体的作用，将固体颗粒群悬浮起来，从而使固体颗粒具有某些流体表观特征，利用这种流体与固体间的接触方式实现生产过程的操作，称为流态化技术。流态化技术在强化传质、传热、混合和反应过程以及开发新工艺方面，起着重要作用。它已在化工、炼油、冶金、轻工和环保等部门得到广泛应用。固体流态化过程又按其特性分为密相流化和稀相流化。密相流化床又分为散式流化床和聚式流化床。一般情况下，气固系统的密相流化床属于聚式流化床，而液固系统的密相流化床属于散式流化床。

当流体流经固定床内固体颗粒之间的空隙时，随着流速的增大，流体与固体颗粒之间所产生的阻力也随之增大，床层的压力降则不断升高。

流体流经固定床式的压力降与流速关系可以仿照流体流经空管时的压力公式（Moody公式）列出。即：

$$\Delta p = \lambda_m \cdot \frac{H_m}{d_p} \cdot \frac{\rho u_0^2}{2} \tag{1}$$

式中，Δp 为固定床层两端的压力降，Pa；H_m 为固定床层的高度，m；d_p 为固体颗粒的直径，m；u_0 为流体的空管速度，$m \cdot s^{-1}$；ρ 为流体的密度，$kg \cdot m^{-3}$；λ_m 为固定床的摩擦系数，无因次准数。

固定床的摩擦系数 λ_m 可以直接由实验测定，厄贡（Ergun）提出如下经验公式：

$$\lambda_m = 2\left(\frac{1-\varepsilon_m}{\varepsilon_m^3}\right)\left(\frac{150}{Re_m}+1.75\right) \tag{2}$$

式中，ε_m 为固定床的空隙率，可参照下式计算。

$$\varepsilon_m = \frac{\rho_s - \rho_b}{\rho_s} \tag{3}$$

式中，ρ_s 为固体颗粒的真实密度，$kg \cdot m^{-3}$；ρ_b 为固体颗粒的堆积密度，$kg \cdot m^{-3}$。

Re_m 为修正雷诺数。Re_m 可由颗粒直径 d_p，床层空隙率 ε_m，流体密度 ρ，流体黏度 μ 和空管流速 u_0，按下式计算：

$$Re_m = \frac{d_p \rho u_0}{\mu} \cdot \frac{1}{1-\varepsilon_m} \tag{4}$$

由固定床向流化床转变时的流速称为临界速度 u_{mf}，可由实验直接测定。在测得不同流速下的床层压力降之后，将实验数据标绘在双对数坐标上，再由作图法即可求得临界流化速度，如图 1 所示。

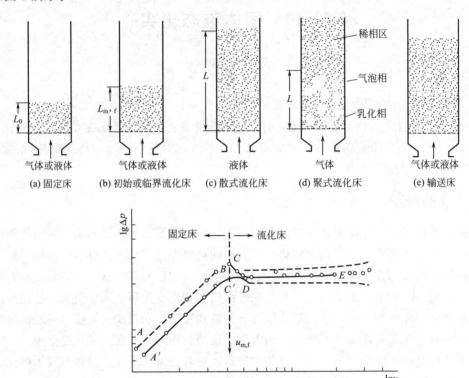

图 1　流体流经固定床和流化床时的压力降

固定床的摩擦系数 λ_m 按式（2）计算。

临界流化速度还可以根据半理论半经验公式计算得到。

流态化时，流体流动对固体颗粒产生的向上作用力，应等于颗粒在流体中的净重力，即：

$$\Delta p S = H_f S (1-\varepsilon_f)(\rho_s - \rho) g \tag{5}$$

式中，S 为床层的横截面积，m^2；H_f 为床层的高度，m；ε_f 为流化床层的空隙率；ρ_s 为固体颗粒的密度，$kg \cdot m^{-3}$；ρ 为流体的密度，$kg \cdot m^{-3}$。

由此可得出流化床压力降的计算式：

$$\Delta p = H_f (1-\varepsilon_f)(\rho_s - \rho) g \tag{6}$$

流化床孔隙率 ε_f 可按下式计算。

$$\varepsilon_f = \frac{H_f - (1-\varepsilon_f) H_m}{H_f} \tag{7}$$

当床层处于由固定床向流化床转变的临界点时，固定床压力降的计算式与流化床的计算式应同时适用。这时，$H_f = H_{m,f}$，$\varepsilon_f = \varepsilon_{m,f}$，$u_0 = u_{m,f}$，因此联立式（1）和式（5）即可得临界流化速度的计算式：

$$u_{m,f}=\left[\frac{1}{\lambda_m}\cdot\frac{2dp(1-\varepsilon_{m,f})(\rho_s-\rho)g}{\rho}\right]^{1/2} \tag{8}$$

式中固定床的摩擦系数 λ_m 按式（2）计算，联立式（2）和式（6）可计算得到临界空隙率。

流化床的特性参数，除上述外，还有密相流化与稀相流化临界点的带出速度 u_f、床层的膨胀比 R 和流化数 K 等，这些都是设计流化床设备时的重要参数。流化床的床层高度 H_f 与静床层的高度 H_0 之比，称为膨胀比，即：

$$R=H_f/H_0 \tag{9}$$

流化床实际采用的流化速度 u_f 与临界流化速度 $u_{m,f}$ 之比称为流化数，即：

$$K=u_f/u_{m,f} \tag{10}$$

实验过程中，为防止固体颗粒损失，实验中流化速度应小于带出速度 u_f。

三、仪器与试剂

气-固系统的流程如图 2 所示。固体物料：硅胶或工业用聚烯烃颗粒。

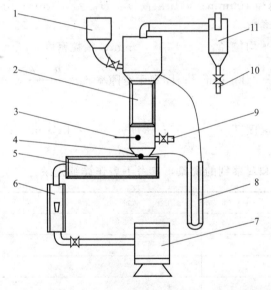

图 2　流化床干燥实验装置流程（此装置图参照浙大中控流态化干燥实验仪器绘制）

1—加料斗；2—床层（可视部分）；3—床层测温点；4—出加热器热风测温点；5—风加热器；
6—转子流量计；7—风机；8—U 形压差计；9—取样口；10—排灰口；11—旋风分离器

四、实验步骤

设备主体为圆柱形的自由床，填充球状颗粒（如硅胶）。分布器采用筛网。柱顶装有过滤网，以阻止固体颗粒被带出设备外。床层上有测压口与压差计相连接。空气自风机经调节阀和流量计，由设备底部进入设备后，经分布器分布均匀，由下而上通过颗粒层，最后经顶部滤网排空。空气流量由调节阀和放空阀联合调节，并由流量计显示。床层压降由 U 形压差计测定。按以下步骤完成实验：

1. 打开仪器总电源。

2. 在空气流量调节阀门关闭、空气放空阀打开的状态下启动风机。

3. 关闭放空阀，缓慢开启空气流量调节阀，调节空气流量，观察床层的变化过程。

4. 分别调节空气流量由小到大，再由大到小，测定不同空气流速下，床层温度、床层压力降和床层的高度。

5. 结束实验后。依次开放空阀，关闭空气流量调节阀，关闭风机开关，最后关闭仪器总电源。

注意事项如下：

1. 启动气泵前需要关闭空气流量调节阀。

2. 开机、停机或调节流量，必须缓慢开启或关闭阀门，并同时注视压差计中液柱变化情况，严防压差计中指示液冲入设备。

3. 当流量调节值接近临界点时，阀门调节更须精心细微，注意床层的变化。

五、数据处理

1. 记录实验设备和操作的基本参数

（1）设备参数

气-固系统；柱体内径 100mm；静床层高度：$H_0 =$ ____ mm；分布器形式：____

（2）固体颗粒基本参数

颗粒形状：____；平均粒径：$d_p =$ ____ mm；颗粒密度：$\rho_s =$ ____ kg·m^{-3}；

堆积密度：$\rho_b =$ ____ kg·m^{-3}；固定床空隙率 $\varepsilon_m = \dfrac{\rho_s - \rho_b}{\rho_s}$

（3）流体物性数据

流体种类：空气；温度 $T_g =$ ____ ℃；密度 $\rho_g =$ ____ kg·m^{-3}；黏度 $\mu_g =$ ____ Pa·s

2. 测定实验数据记录

将测得的实验数据和观察到的现象，参考下表作详细记录。

编　　号	
空气流量 $q_V/\mathrm{m^3 \cdot s^{-1}}$	
空气空塔速度 $u_0/\mathrm{m \cdot s^{-1}}$	
床层温度 $T/℃$	
床层压力降 $\Delta p/\mathrm{mmH_2O}$	
床层高度 H/mm	
膨胀比 R	
流化数 K	
实验现象	

3. 在双对数坐标纸上标绘 Δp-u_0 关系曲线，并求出临界流化速度 $u_{m,f}$。将实验测定值与计算值进行比较，算出相对误差。

4. 在双对数坐标纸上标绘固定床阶段的 λ_m-Re_m 的关系曲线。将实验测定曲线与由计算值标绘的曲线进行对照比较。

六、思考题

1. 如何判断流化床的操作是否正常？

2. 临界流化速度与哪些因素有关？

实验 50　流化干燥速率曲线的测定

一、实验目的

1. 了解流化床干燥装置的基本结构、工艺流程和操作方法。
2. 学习测定物料在恒定干燥条件下干燥特性的实验方法。
3. 掌握根据实验干燥曲线求取干燥速率曲线以及恒速阶段干燥速率、临界含水量、平衡含水量的实验分析方法。
4. 实验研究干燥条件对于干燥过程特性的影响。

二、实验原理

在设计干燥器的尺寸或确定干燥器的生产能力时，被干燥物料在给定干燥条件下的干燥速率、临界湿含量和平衡湿含量等干燥特性数据是最基本的技术依据参数。由于实际生产中被干燥物料的性质千变万化，因此对于大多数具体的被干燥物料而言，其干燥特性数据常常需要通过实验测定而取得。

按干燥过程中空气状态参数是否变化，可将干燥过程分为恒定干燥条件操作和非恒定干燥条件操作两大类。若用大量空气干燥少量物料，则可以认为湿空气在干燥过程中温度、湿度均不变，再加上气流速度以及气流与物料的接触方式不变，则称这种操作为恒定干燥条件下的干燥操作。

1. 干燥速率的定义

干燥速率定义为单位干燥面积（提供湿分汽化的面积）、单位时间内所除去的湿分质量，即：

$$U = \frac{dW}{A d\tau} = -\frac{G_C dX}{A d\tau} \quad \text{kg} \cdot \text{m}^{-2} \cdot \text{s}^{-1} \tag{1}$$

式中，U 为干燥速率，又称干燥通量，$\text{kg} \cdot \text{m}^{-2} \cdot \text{s}^{-1}$；$A$ 为干燥表面积，m^2；W 为汽化的湿分量，kg；τ 为干燥时间，s；G_C 为绝干物料的质量，kg；X 为物料湿含量，$\text{kg} \cdot \text{kg}^{-1}$，负号表示 X 随干燥时间的增加而减小。

2. 干燥速率的测定方法

（1）方法一

① 将电子天平开启，待用。

② 将快速水分测定仪开启，待用。

③ 将 0.5～1kg 的湿物料（如取 0.5～1kg 的绿豆）放入 60～70℃ 的热水中泡 30min，取出，并用干毛巾吸干表面水分，待用。

④ 开启风机，调节风量至 40～60m³·h⁻¹，打开加热器加热。待热风温度恒定后（通常可设定在 70～80℃），将湿物料加入流化床中，开始计时，每过 4min 取出 10g 左右的物料，同时读取床层温度。将取出的湿物料在快速水分测定仪中测定，得初始质量 m_i 和终了质量 m_{iC}。则物料中瞬间含水率 X_i 为：

$$X_i = \frac{m_i - m_{iC}}{m_{iC}} \tag{2}$$

（2）方法二：利用床层的压力降来测定干燥过程的失水量。

① 将 0.5～1kg 的湿物料（如取 0.5～1kg 的绿豆）放入 60～70℃ 的热水中泡 30min，取出，并用干毛巾吸干表面水分，待用。

② 开启风机，调节风量至 40～60m³·h⁻¹，打开加热器加热。待热风温度恒定后（通常可设定在 70～80℃），将湿物料加入流化床中，开始计时，此时床层的压差将随时间减小，实验至床层压差（Δp_e）恒定为止。则物料中瞬间含水率 X_i 为：

$$X_i = \frac{\Delta p - \Delta p_e}{\Delta p_e} \tag{3}$$

式中，Δp 为时刻 τ 时床层的压差。

计算出每一时刻的瞬间含水率 X_i，然后将 X_i 对干燥时间 τ_i 作图，见图 1，即为干燥曲线。

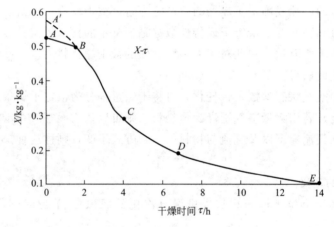

图 1　恒定干燥条件下的干燥曲线

上述干燥曲线还可以变换得到干燥速率曲线。由已测得的干燥曲线求出不同 X_i 下的斜率 $\frac{dX_i}{d\tau_i}$，再由式（1）计算得到干燥速率 U，将 U 对 X 作图，就是干燥速率曲线，如图 2 所示。

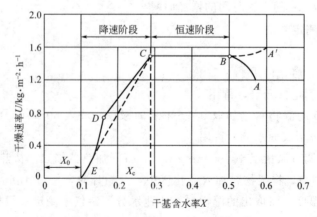

图 2　恒定干燥条件下的干燥速率曲线

将床层的温度对时间作图，可得床层的温度与干燥时间的关系曲线。

3. 干燥过程分析

（1）预热段　见图1、图2中的 AB 段或 $A'B$ 段。物料在预热段中，含水率略有下降，温度则升至湿球温度 T_w，干燥速率可能呈上升趋势变化，也可能呈下降趋势变化。预热段经历的时间很短，通常在干燥计算中忽略不计，有些干燥过程甚至没有预热段。

（2）恒速干燥阶段　见图1、图2中的 BC 段。该段物料水分不断汽化，含水率不断下降。但由于这一阶段去除的是物料表面附着的非结合水分，水分去除的机理与纯水的相同，故在恒定干燥条件下，物料表面始终保持为湿球温度 T_w，传质推动力保持不变，因而干燥速率也不变。于是，在图2中，BC 段为水平线。

只要物料表面保持足够湿润，物料的干燥过程中总处于恒速阶段。而该段的干燥速率大小取决于物料表面水分的汽化速率，亦即决定于物料外部的空气干燥条件，故该阶段又称为表面汽化控制阶段。

（3）降速干燥阶段　随着干燥过程的进行，物料内部水分移动到表面的速率小于表面水分的汽化速率，物料表面局部出现"干区"，尽管这时物料其余表面的平衡蒸汽压仍与纯水的饱和蒸汽压相同，但以物料全部外表面计算的干燥速率因"干区"的出现而降低，此时物料中的含水率称为临界含水率，用 X_c 表示，对应图2中的 C 点，称为临界点。过 C 点以后，干燥速率逐渐降低至 D 点，CD 阶段称为降速第一阶段。

干燥到点 D 时，物料全部表面都成为干区，汽化面逐渐向物料内部移动，汽化所需的热量必须通过已被干燥的固体层才能传递到汽化面；从物料中汽化的水分也必须通过这一干燥层才能传递到空气主流中。干燥速率因热、质传递的途径加长而下降。此外，在点 D 以后，物料中的非结合水分已被除尽。接下去所汽化的是各种形式的结合水，因而，平衡蒸汽压将逐渐下降，传质推动力减小，干燥速率也随之较快降低，直至到达点 E 时，速率降为零。这一阶段称为降速第二阶段。

降速阶段干燥速率曲线的形状随物料内部的结构而异，不一定都呈现前面所述的曲线 CDE 形状。对于某些多孔性物料，可能降速两个阶段的界限不是很明显，曲线好像只有 CD 段；对于某些无孔性吸水物料，汽化只在表面进行，干燥速率取决于固体内部水分的扩散速率，故降速阶段只有类似 DE 段的曲线。

与恒速阶段相比，降速阶段从物料中除去的水分量相对少许多，但所需的干燥时间却长得多。总之，降速阶段的干燥速率取决于物料本身结构、形状和尺寸，而与干燥介质状况关系不大，故降速阶段又称物料内部迁移控制阶段。

三、仪器与试剂

实验装置流程见图3。空气由风机送入，经电加热器预热后进入干燥器，与被干燥物料进行对流传热后，从干燥器中流出进入旋风分离器然后放空。湿空气的流量由流量测量仪表测量。湿物料与热空气在干燥床内进行传热、传质。湿物料为湿绿豆或硅胶。

四、实验步骤

1. 打开仪表控制柜电源开关。
2. 在放空阀开启、空气流量调节阀关闭状态下开启风机。
3. 关闭放空阀，调节适宜的空气流量（所选择流量应保证干燥过程颗粒呈流态化状态）。

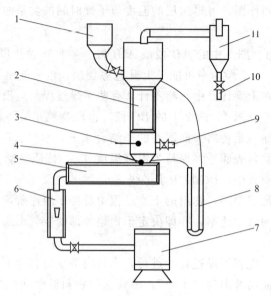

图3　流化床干燥实验装置流程图（此装置图参照浙大中控流态化干燥实验仪器绘制）

1—加料斗；2—床层（可视部分）；3—床层测温点；4—出加热器热风测温点；5—风加热器；

6—转子流量计；7—风机；8—U形压差计；9—取样口；10—排灰口；11—旋风分离器

4. 加热器通电加热，床层进口温度可设定在 70～80℃ 范围内。

5. 待床层进口处空气温度恒定后，将准备好的耐水硅胶/绿豆迅速加入流化床进行实验。

6. 每隔 2～4min 取样 5～10g 分析，或者记录床层压降 Δp，同时记录床层温度。加入湿物料的起始阶段时间间隔可为 1～2min。

7. 待耐水硅胶/绿豆恒重或床层压降恒定时，即为实验终了，关闭加热器电源。

8. 待空气出口温度降至近室温后，开启放空阀，关闭空气流量调节阀。

9. 关闭风机，切断总电源，清理实验设备。

注意事项如下：干燥器内必须有空气流过才能开启加热，防止干烧损坏加热器，出现事故。

五、数据处理

1. 实验数据记录

在某固定的空气流量和某固定的空气温度下测量一种物料干燥曲线、干燥速率曲线和临界含水量。测定恒速干燥阶段物料与空气之间对流传热系数。

可按下表设计记录实验数据。

空气流量 $q_V/\mathrm{m^3 \cdot h^{-1}}$	空气温度 $T/℃$	加热时间 τ/s	被干燥物料质量 G_i/kg	被干燥物料质量变化 $\Delta G_i/\mathrm{kg}$

测定床层压降法可按下表设计记录实验数据。

空气流量 $q_V/\mathrm{m^3 \cdot h^{-1}}$	干燥时间 τ/s	床层入口温度 $T_i/\mathrm{℃}$	床层出口温度 $T_o/\mathrm{℃}$	床层压降 $\Delta p/\mathrm{mmH_2O}$

2. 实验数据处理

根据实验结果绘制出干燥曲线、干燥速率曲线，并得出恒定干燥速率、临界含水量、平衡含水量。

六、思考题

1. 试分析空气流量或温度对恒定干燥速率、临界含水量的影响。
2. 为什么在操作中，要先开鼓风机送风，然后再通电加热？

实验 51　管道流体阻力的测定

一、实验目的

1. 测定一定流量下流体的阻力损失。
2. 计算直管阻力的摩擦系数 λ 和管件及阀门的局部阻力系数 ζ。
3. 进一步掌握离心泵的正确使用方法。

二、实验原理

实际流体在设备或管路中流动时需克服沿程阻力（直管阻力）和局部阻力，于是产生相应的直管阻力损失和局部阻力损失。正确计算或测量流体阻力损失是管路设计及流体输送设备选型的重要依据。

当不可压缩流体在圆形导管中流动时，在管路系统中任意两个截面之间列出机械能衡算方程为：

$$gZ_1 + \frac{p_1}{\rho} + \frac{u_1^2}{2} = gZ_2 + \frac{p_2}{\rho} + \frac{u_2^2}{2} + \sum h_{\mathrm{fl-2}} \quad \mathrm{J \cdot kg^{-1}} \tag{1}$$

或：

$$Z_1 + \frac{p_1}{\rho g} + \frac{u_1^2}{2g} = Z_2 + \frac{p_2}{\rho g} + \frac{u_2^2}{2g} + \sum H_{\mathrm{fl-2}} \quad \mathrm{m\ 液柱} \tag{2}$$

式中，Z 为流体的位压头，m 液柱；p 为流体的压力，Pa；u 为流体的平均流速，$\mathrm{m \cdot s^{-1}}$；ρ 为流体的密度，$\mathrm{kg \cdot m^{-3}}$；$\sum h_{\mathrm{fl-2}}$ 为流动系统内因阻力造成的能量损失，$\mathrm{J \cdot kg^{-1}}$；$\sum H_{\mathrm{fl-2}}$ 为流动系统内因阻力造成的压头损失，m 液柱。符号下标 1 和 2 分别表示上游和下游截面上的数值。

若：①水作为实验物系，则水可视为不可压缩流体；②实验导管为水平装置，则 $Z_1 = Z_2$；③实验导管的上、下游截面上的横截面积相同，则 $u_1 = u_2$。

因此式（1）和式（2）分别可简化为：

$$\sum h_{\mathrm{fl-2}} = \frac{p_1 - p_2}{\rho} \quad \mathrm{J \cdot kg^{-1}} \tag{3}$$

$$\sum H_{f1-2} = \frac{p_1 - p_2}{\rho g} \quad \text{m 水柱} \tag{4}$$

因此，因阻力造成的能量损失（压头损失），可由管路系统的两截面之间的压力差（压头差）来测定。流体在圆形直管内流动时，流体因摩擦阻力所造成的能量损失（压头损失），有如下关系：

$$\sum h_{f1-2} = \frac{p_1 - p_2}{\rho} = \lambda \cdot \frac{l}{d} \cdot \frac{u^2}{2} \quad \text{J} \cdot \text{kg}^{-1} \tag{5}$$

或

$$\sum H_{f1-2} = \frac{p_1 - p_2}{\rho g} = \lambda \cdot \frac{l}{d} \cdot \frac{u^2}{2g} \quad \text{m 液柱} \tag{6}$$

式中，d 为圆形直管的直径，m；l 为圆形直管的长度，m；λ 为摩擦系数，无因次准数。

实验研究表明：摩擦系数 λ 与流体的密度 ρ 和黏度 μ、管径 d、流速 u 和管壁粗糙度 ε 有关。应用因次分析的方法，可以得出摩擦系数与雷诺数和管壁相对粗糙度 ε/d 存在函数关系，即：

$$\lambda = f\left(Re, \frac{\varepsilon}{d}\right) \tag{7}$$

通过实验测得 λ 和 Re 数据可以在双对数坐标上标绘出实验曲线。当 $Re < 2000$ 时，摩擦系数 λ 与管壁粗糙度 ε 无关。当流体在直管中呈湍流时，λ 不仅与雷诺数有关，而且与管壁相对粗糙度有关。

当流体流过管路系统时，因遇各种管件、阀门和测量仪表等而产生局部阻力，所造成的能量损失（压头损失），有如下一般关系式：

$$h_f' = \zeta \frac{u^2}{2} \quad \text{J} \cdot \text{kg}^{-1} \tag{8}$$

或

$$H_f' = \zeta \frac{u^2}{2g} \quad \text{m 液柱} \tag{9}$$

式中，u 为连接管件等的直管中流体的平均流速，$\text{m} \cdot \text{s}^{-1}$；$\zeta$ 为局部阻力系数（无因次）。

由于造成局部阻力的原因和条件极为复杂，各种局部阻力系数的具体数值，都需要通过实验直接测定。

三、仪器与试剂

实验装置主要是由循环水系统（流程如图 1 所示）、实验管路系统和高位排气水槽串联组合而成。管路系统分别配置光滑管、粗糙管、骤然扩大与缩小管、阀门和孔板流量计。每根实验管测试段长度，即两测压口距离均相同（0.6m）。每条测试管的测压口通过转换阀组与一倒置 U 形压差计连通。孔板流量计的读数由另一倒置 U 形水柱压差计显示。测试介质为水。

四、实验步骤

1. 灌水。检查循环水槽中的水位，将水灌满循环水槽。

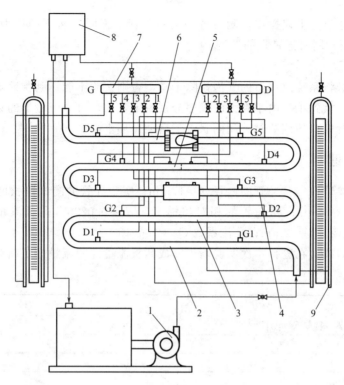

图 1 管路流体阻力实验装置流程（本实验装置图参照清华教仪流体阻力实验仪绘制）
1—循环水泵；2—光滑实验管；3—粗糙实验管；4—扩大与缩小实验管；
5—孔板流量计；6—阀门；7—转换阀组；8—水槽；9—倒置 U 形管压差计

2. 实验导管排气。在实验导管入口的调节阀关闭的状态下启动循环水泵。待泵运转正常后，先将实验导管中的旋塞阀全部打开，然后缓慢开启实验导管的入口调节阀，使水流满整个实验导管。

3. 连接管线排气。在水流动的条件下，逐一检查并排除实验导管和连接管线中可能存在的空气泡。排除空气泡的方法是，先将两个总放空阀打开，然后依次将与连接管线相连的转换阀组中的测压口旋塞打开排气，直至排净连接管线中的空气泡再关闭各旋塞。

4. U 形压差计量程调节。关闭流量调节阀，首先调节流量压差计两端的液位差为零，并接近零刻度。然后调节左侧倒置 U 形压差计水柱高度。方法：在两个总放空阀和转换阀组上的一对旋塞开启的条件下，打开阻力指示压差计和流量指示压差计顶部的放空阀，用吸耳球向压差计中压入空气，当压差计中的水柱高度居于标尺中间部位时，关闭压差计顶部的放空阀、总放空阀及旋塞。

5. 分配数据点。缓慢开启调节阀调节流量，在孔板流量计的压差计最大指示范围内取 7~8 个流量数据点。

6. 在某一流量下，将转换阀组中与需要测定管路相连的一组旋塞置于全开位置。此时测压口与倒置 U 形水柱压差计接通，即可记录由压差计显示出压力降。

7. 当需改换测试部位时，只需将转换阀组由一组旋塞切换为另一组旋塞。例如，将 G_1 和 D_1 一组旋塞关闭，打开另一组 G_2 和 D_2 旋塞。这时，压差计与 G_1 和 D_1 测压口断开，而与 G_2 和 D_2 测压口接通，压差计显示读数即为第二支测试管的压力降。以此类推。

8.改变流量,重复上述操作,测得各种实验导管中不同流速下的压力降。每测定一组流量与压力降数据,同时记录水的温度。

注意事项如下:

1.实验前务必将系统内存留的气泡排除干净,否则实验不能达到预期效果。

2.应按流量由大到小和由小到大的顺序分别测定一次,每个流量下的数据取平均值。

3.在实验导管入口的调节阀关闭的状态下启动循环水泵。

五、数据处理

1.实验基本参数:实验导管的内径 $d=17\text{mm}$;实验导管的测试段长度 $l=600\text{mm}$;粗糙管的粗糙度 $\varepsilon=0.4\text{mm}$;粗糙管的相对粗糙度 $\varepsilon/d=0.0235$;孔板流量计的孔径 $d_0=11\text{mm}$;旋塞的孔径 $d_v=12\text{mm}$;孔流系数 $C_0=0.6613$ 。

2.流量标定曲线。在进行本次实验前须完成孔板流量计的流量标定曲线。

3.实验数据。

实　验　参　数	
孔板流量计的压差计读数 $R/\text{mmH}_2\text{O}$	
水的流量 $q_V/\text{m}^3 \cdot \text{s}^{-1}$	
水的温度 $T/\text{℃}$	
水的密度 $\rho/\text{kg} \cdot \text{m}^{-3}$	
水的黏度 $\mu/\text{Pa} \cdot \text{s}$	
光滑管压头损失 $H_{f_1}/\text{mmH}_2\text{O}$	
粗糙管压头损失 $H_{f_2}/\text{mmH}_2\text{O}$	
扩大与缩小管压头损失 $H_{f_3}/\text{mmH}_2\text{O}$	
孔板流量计压头损失 $H_{f_4}/\text{mmH}_2\text{O}$	
旋塞压头损失(全开) $H_{f_5}/\text{mmH}_2\text{O}$	

4.数据整理。

实　验　参　数	
水的流速 $u/\text{m} \cdot \text{s}^{-1}$	
雷诺数 Re	
光滑管摩擦系数 λ_1	
粗糙管摩擦系数 λ_2	
扩大与缩小管局部阻力系数 ζ_1	
孔板流量计局部阻力系数 ζ_2	
旋塞的局部阻力系数 ζ_3	

5.标绘 $\lambda\text{-}Re$ 实验曲线,求出管件、阀门的局部阻力系数。

六、思考题

1.测试中为什么需要湍流?

2.实验中是如何得到扩大缩小管、孔板流量计、旋塞的局部阻力损失的?

3. 为什么根据实验数据所绘出的 λ-Re 实验曲线不是一条光滑的有规律的曲线？

实验 52　液-液热交换系数及膜系数的测定

一、实验目的

1. 通过研究一定传热面积的套管换热器中冷水与热水的间壁传热过程，测定套管换热器中液-液热交换过程的传热总系数、流体在圆管内作强制湍流时的传热膜系数。

2. 利用相应的传热系数的关联式计算传热膜系数的理论值。

3. 加深对传热过程基本原理理解，掌握用转子流量计测量流量的方法，了解用热电偶测量温度的方法。

二、实验原理

传热是一种重要的单元操作，而应用最广泛的是两种流体的间壁传热。传热设计主要包括两个方面内容：第一种是针对一定换热任务，设计计算应需要的传热面积；第二种是针对一定传热面积的换热器，测定、计算在某些操作条件下的总传热系数或某一侧给热膜系数，并将实验测定结果与求算传热膜系数的关联式的理论结果进行对比，从而取得总传热系数或给热膜系数的经验数据。

冷、热流体的间壁换热过程可以分为给热—导热—给热三个串联过程。

若热流体在套管热交换器管内流过，而冷流体在管外流过，设备两端测试点的温度如图 1 所示。

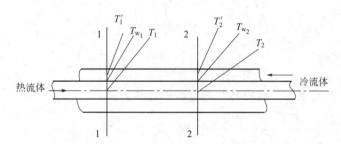

图 1　套管换热器两端测试点的温度

T_1，T'_1，T_{w_1}—分别为在换热器 1 截面处热流体、冷流体、套管内壁面的温度；

T_2，T'_2，T_{w_2}—分别为在换热器 2 截面处热流体、冷流体、套管内壁面的温度

在单位时间内热流体向冷流体传递的热量可由热流体的热量衡算方程表示：

$$\phi = q_m C_P (T_1 - T_2) \tag{1}$$

对于整个换热器而言，总的传热速率方程为：

$$\phi = K A \Delta T_m \tag{2}$$

式中，ϕ 为传热速率，$J \cdot s^{-1}$ 或 W；q_m 为热流体的质量流率，$kg \cdot s^{-1}$；C_P 为热流体的平均比热容，$J \cdot kg^{-1} \cdot K^{-1}$；$K$ 为传热总系数，$W \cdot m^{-2} \cdot K^{-1}$；$A$ 为传热面积，m^2；ΔT_m 为两流体之间的平均温度差，K。若 ΔT_1 和 ΔT_2 分别为热交换器两端冷、热流体之间的温度差，即：

$$\Delta T_1 = T_1 - T'_1 \tag{3}$$

$$\Delta T_2 = T_2 - T_2' \tag{4}$$

则平均温度可按下式计算：

当 $\dfrac{\Delta T_1}{\Delta T_2} > 2$ 时

$$\Delta T_{\mathrm{m}} = \frac{\Delta T_1 - \Delta T_2}{\ln \dfrac{\Delta T_1}{\Delta T_2}} \tag{5}$$

当 $\dfrac{\Delta T_1}{\Delta T_2} \leqslant 2$ 时

$$\Delta T_{\mathrm{m}} = \frac{\Delta T_1 + \Delta T_2}{2} \tag{6}$$

由式(1)、式(2)联立求解，可得传热总系数的计算公式：

$$K = \frac{q_{\mathrm{m}} C_{\mathrm{P}}(T_1 - T_2)}{A \Delta T_{\mathrm{m}}} \tag{7}$$

固体壁面两侧的给热速率基本方程为：

$$\phi = \alpha_1 A_{\mathrm{w}}(T - T_{\mathrm{w}}) \tag{8}$$

$$\phi = \alpha_2 A_{\mathrm{w}}'(T' - T_{\mathrm{w}}') \tag{9}$$

根据热交换两端的边界条件，经数学推导，同理可得出管内给热过程的总给热速率计算式：

$$\phi = \alpha_1 A_{\mathrm{w}} \Delta T_{\mathrm{m}}' \tag{10}$$

式中，α_1 与 α_2 分别表示内管壁面两侧的传热膜系数，$\mathrm{W \cdot m^{-2} \cdot K^{-1}}$；$A_{\mathrm{w}}$ 与 A_{w}' 分别表示管的内壁面和外壁面表面积，$\mathrm{m^2}$；T 与 T' 分别表示换热器某截面上热流体和冷流体的温度，K；T_{w} 与 T_{w}' 分别表示管的内壁面和外壁面的温度，K；$\Delta T_{\mathrm{m}}'$ 为热流体与内壁面之间的平均温度差，K。

$\Delta T_{\mathrm{m}}'$ 可按下式计算：

当 $\dfrac{T_1 - T_{\mathrm{w}_1}}{T_2 - T_{\mathrm{w}_2}} > 2$ 时

$$\Delta T_{\mathrm{m}}' = \frac{(T_1 - T_{\mathrm{w}_1}) - (T_2 - T_{\mathrm{w}_2})}{\ln \dfrac{T_1 - T_{\mathrm{w}_1}}{T_2 - T_{\mathrm{w}_2}}} \tag{11}$$

当 $\dfrac{T_1 - T_{\mathrm{w}_1}}{T_2 - T_{\mathrm{w}_2}} \leqslant 2$ 时

$$\Delta T_{\mathrm{m}}' = \frac{(T_1 - T_{\mathrm{w}_1}) + (T_2 - T_{\mathrm{w}_2})}{2} \tag{12}$$

由式(1)、式(10)联立求解，可得传热膜系数的计算公式：

$$\alpha_1 = \frac{q_{\mathrm{m}} C_{\mathrm{P}}(T_1 - T_2)}{A_{\mathrm{w}} \Delta T_{\mathrm{m}}'} \quad \mathrm{W \cdot m^{-2} \cdot K^{-1}} \tag{13}$$

同理也可得到管外给热过程的传热膜系数的类同计算公式。

流体在圆形直管内作强制对流时，传热膜系数 α 与各项影响因素之间的关系可以用如下关联式表示：

$$Nu = A Re^m Pr^n \tag{14}$$

式中，$Nu = \dfrac{\alpha d}{\lambda}$，努塞尔数（Nusselt number）；$Re = \dfrac{du\rho}{\mu}$，雷诺数（Reynolds number）；$Pr = \dfrac{C_{\mathrm{P}}\mu}{\lambda}$，普兰特数（Prandtl number）。

上面关联式中 A 和指数 m、n 的具体数值，需要通过实验来测定。实验测得 A、m、n 数值后，则传热膜系数可由该公式计算。

流体在圆形直管内作强制湍流时：$Re > 10000$；$Pr = 0.7 \sim 160$；$l/d > 50$。

在流体被冷却时，α 可按下列公式计算：

$$Nu = 0.023 Re^{0.8} Pr^{0.3} \qquad (14a)$$

或

$$\alpha = 0.023 \frac{\lambda}{d} \left(\frac{du\rho}{\mu} \right)^{0.8} \left(\frac{C_P \mu}{\lambda} \right)^{0.3} \qquad (14b)$$

流体被加热时

$$Nu = 0.023 Re^{0.8} Pr^{0.4} \qquad (15a)$$

或

$$\alpha = 0.023 \frac{\lambda}{d} \left(\frac{du\rho}{\mu} \right)^{0.8} \left(\frac{C_P \mu}{\lambda} \right)^{0.4} \qquad (15b)$$

当流体在套管环隙内作强制湍流时，上列各式中 d 用当量直径 d_e 代替，各项物性常数均取流体进出口平均温度下的数值。

三、仪器与试剂

实验装置（图 2）主要由套管热交换器、热水恒温循环水槽、高位稳压水槽以及一系列测量和控制仪表组成。套管内为热水，套管环隙中为冷却水。

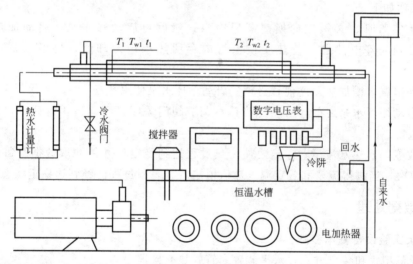

图 2　套管换热器-液热交换实验装置流程（本实验装置图参照清华教仪流体阻力实验仪绘制）

四、实验步骤

实验装置主要由套管热交换器、热水恒温循环水槽、高位稳压水槽以及一系列测量和控制仪表组成。套管热交换器由一根 $\phi 12mm \times 1.5mm$ 的黄铜管作为内管，$\phi 20mm \times 0.2mm$ 的有机玻璃管作为管套所构成，并在外面套一根 $\phi 22mm \times 2.5mm$ 有机玻璃管作为保温管。套管热交换器两端测温点之间的距离为 1000mm。每个检测端上，在管内、管外和管壁内设置三个铜-康铜热电偶，并通过转换开关与电压表相接用以测量管内、管外的流体温度和管内壁的温度。

热水由循环水泵从恒温水槽送入管内，然后经过转子流量计再返回槽内，恒温循环水槽中用电热器补充热水在热交换器中移去的热量，并控制恒温。冷水由自来水管直接送入高位稳压水槽，再由稳压水槽经过套管的环隙，高位稳压水槽排出的溢流水和由换热管排出被加热后的水均排入下水道。按照以下步骤完成实验。

1. 向恒温循环水槽灌入蒸馏水或软水，直至溢流管有水溢出为止。

2. 开启并调节通往高位稳压水槽的自来水阀门，使槽内充满水，溢流管有水流出，向套管换热器内通入冷却水，并保证其在实验过程中流量恒定。

3. 将冰碎成细颗粒，放入冷阱中并掺入少许蒸馏水，使之呈粥状，将热电偶冷接点插入冰水中，盖严盖子。

4. 在热水流量为零的条件下，启动循环水泵，开启并调节热水调节阀使热水在一定流量下循环。

5. 启动加热器，使水箱内热水温度达到预先设定值（约50℃）。

6. 在热水流量 60～240L·h^{-1} 范围内选取若干流量值（一般为 7 组测试数据），进行实验测定。每调节一次热水流量，待温度和流量都恒定后，再通过琴键开关，依次测定各点温度。

7. 按照相反的流量顺序重复测定。

8. 关机顺序：先关闭加热器；待循环热水降温后，在热水流量为零的条件下关闭循环水泵；最后关闭自来水阀门。

注意事项如下：

1. 开始实验时，必须先向换热器通冷水，然后再启动热水泵，启动加热器。停止实验时，必须先停电器，待热交换器管内存留热水被冷却后，再停水泵，并停止通冷水。

2. 启动恒温水槽加热器之前，必须先启动循环水泵使水流动。

3. 在启动循环水泵之前，必须先将热水调节阀门关闭，泵运行正常后，再慢慢开启调节阀。

4. 每改变一次热水流量，一定要使传热过程达到稳定后才能测取数据。每测一组数据最好重复数次，当测得流量和各点温度数值恒定后，表明过程已经到达稳定状态。

五、数据处理

1. 记录实验设备基本参数

实验设备型式和装置方式：水平装置套管式热交换器

内管基本参数

质材：黄铜；外径 $d=12mm$；壁厚 $\delta=1.5mm$；测试段长度 $L=1m$

套管基本参数

质材：有机玻璃；外径 $d'=20mm$；壁厚 $\delta'=2mm$

2. 实验数据记录与整理

实验数据记录

编号	冷水流量	热水流量	热电势 E/mV					
			测试截面 1			测试截面 2		
	$q'_m/kg·s^{-1}$	$q_m/kg·s^{-1}$	E_1	E_{w1}	E'_1	E_2	E_{w2}	E'_2

3. 实验数据整理

（1）计算总传热系数

编号	管内流速 u /m·s^{-1}	流体间温度差/K			热传递速率 Φ /W	总传热系数 K /W·m^{-2}·K^{-1}
		ΔT_1	ΔT_2	ΔT_m		

（2）计算管内传热膜系数 α

编号	管内流速 u /m·s^{-1}	流体与壁面间温度差/K			热传递速率 Φ /W·m^{-2}·K^{-1}	管内传热膜系数 α /W·m^{-2}·K^{-1}
		T_1-T_{w1}	T_2-T_{w2}	$\Delta T'_m$		

（3）关联式法计算管内传热膜系数

编号	管内流体平均温度 $(T_1+T_2)/2$/K	流体密度 ρ /kg·m^{-3}	流体黏度 μ /Pa·s	流体热导率 λ /W·m^{-2}·K^{-1}	管内流速 u /m·s^{-1}	传热膜系数 α /W·m^{-2}·K^{-1}	雷诺数 Re	努塞尔数 Nu	普朗特数 Pr

水平管内传热膜系数的准确关联式：$Nu=ARe^m Pr^n$。

注：在实验测定温度范围内，Pr 数值变化不大，可取其平均值，并将 Pr^n 视为定值与 A 合并。因此上式可写为：$Nu=BRe^m$。

上式两边取对数，使之线性化，即：

$$\lg Nu=m\lg Re+\lg B$$

因此，可将 Nu 和 Re 实验数据，直接在双对数坐标纸上进行标绘，由实验曲线的斜率和截距估计参数 A 和 m，或者用最小二乘法进行线性回归，估计参数 B 和 m。

取 Pr 均值为定值，且 $n=0.2$，由 B 计算得到 A 值。

最后列出参数估计值

$B=$ 　　　　　　　　；$m=$ 　　　　　　　　；$A=$ 　

六、思考题

1. 为计算传热过程总传热系数 K、热流体与管壁的给热膜系数 α_1、冷流体与管壁的给热膜系数 α_2，实验中应测定哪些传热过程参数，如何完成实验？

2. 实验中是如何判断传热过程是否达到平衡的？

3. 实验操作中影响 K 和 α 的主要因素有哪些？

实验 53　连续填料精馏柱分离能力的测定

一、实验目的

1. 以一定形式的填料塔为例，了解填料塔的结构和操作及分离原理。

2. 实验测定一定回流比及不同上升蒸汽流速、回流液体流速下，一定高度的填料塔对乙醇-正丙醇二元混合体系的分离能力。

3. 掌握实验室连续精密分馏的操作技术和实验研究方法。

二、实验原理

精馏是一种重要的传质单元操作，在实验室或工业生产中用该操作分离有较大挥发性差异的液体混合物。完成精馏分离单元操作的设备有板式塔和填料塔两大类。连续填料精馏塔分离能力的测定和评价，一般采用正庚烷-甲基环己烷理想二元混合液、乙醇-正丙醇二元混合液或乙醇-水二元混合液作为实验物系，在不同操作条件下测定连续精馏塔的等板高度（当量高度），并以精馏柱的利用系数作为优化目标，寻求精馏柱的最优操作条件。

连续填料精馏分离能力的影响因素可归纳为三个方面：一是物性因素，如物系及其组成，汽液两相的各种物理性质等；二是设备结构因素，如塔径与塔高，填料的形式、规格、材质和填充方法等；三是操作因素，如上升蒸汽速度、回流液体速度、进料状况和回流比等。在既定的设备和物系中影响分离能力的主要操作变量为蒸汽上升速度、回流液体速度和回流比。

在全回流条件下，表征在不同蒸汽上升速度和回流液体速度下的填料精馏塔分离性能，常以每米填料高度所具有的理论塔板数，或者与一块理论塔板相当的填料高度，即等板高度（HETP），作为主要指标。

在一定回流比下，连续精馏塔的理论塔板数可采用逐板计算法（Lewis-Matheson 法）或图解计算法（McCabe-Thiele 法）。

在全回流下，理论塔板数的计算可由逐板计算法导出简单公式，称为芬斯克（Fenske）公式进行计算，即：

$$N_{T,0} = \frac{\ln\left[\left(\frac{x_d}{1-x_d}\right)\left(\frac{1-x_w}{x_w}\right)\right]}{\ln\alpha} - 1 \tag{1}$$

式中相对挥发度采用塔顶和塔底的相对挥发度的几何平均值，即：

$$\alpha = \sqrt{\alpha_d \cdot \alpha_w} \tag{2}$$

式中，x_d 为塔顶轻组分摩尔分数；x_w 为塔底轻组分摩尔分数；α 为相对挥发度；$N_{T,0}$ 为连续精馏全回流最小理论塔板数；α_d 为塔顶温度下相对挥发度；α_w 为塔底温度下相对挥发度。

在全回流或不同回流比下等板高度 h_e 可分别按式（3）和式（4）计算：

$$h_{e,0} = \frac{h}{N_{T,0}} \tag{3}$$

$$h_e = \frac{h}{N_T} \tag{4}$$

式中，h 为填料层高度；$h_{e,0}$ 为全回流下等板高度。

在全回流下测得的理论塔板数最多，即等板高度最小。而在全回流条件下，不同上升蒸汽流速、回流液体流速下测得的理论塔板数越多，等板高度越小，分离效果越好。

为了表征连续精馏柱部分回流时的分离能力，可采用利用系数作为指标。精馏柱的利用系数为在部分回流条件下测得的理论塔板数 N_T 与在全回流条件下测得的最大理论塔板数之比值，或者为上述两种条件下分别测得的等板高度之比值，即：

$$K = \frac{N_T}{N_{T,0}} = \frac{h_e}{h_{e,0}} \qquad (5)$$

式中，K 为塔板利用系数；N_T 为定回流比下理论塔板数。

这一指标不仅与回流比有关，而且还与塔内蒸汽上升速度有关。因此，在实际操作中，应选择适当操作条件，以获得适宜的利用系数。

三、仪器与试剂

实验装置由连续填料精馏柱和精馏塔控制仪两部分组成，实验装置流程及其控制线路如图 1 所示。

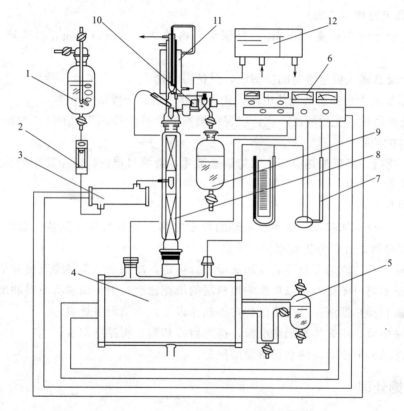

图 1　填料塔连续填料精馏装置（本实验装置图参照清华教仪流体阻力实验仪绘制）

1—原料液高位瓶；2—转子流量计；3—原料液预热器；4—蒸馏釜；5—釜液受器；6—控制仪；
7—单管压差计；8—填料分馏柱；9—馏出液受器；10—回流比调节器；
11—分馏头；12—冷却水高位槽

连续填料精馏柱由精馏柱、分馏头、再沸器、原料液预热器和进、出料装置组成。柱顶冷凝器用水冷却。被分离体系可取正庚烷-甲基环己烷理想二元混合液、乙醇-正丙醇二元混合液或乙醇-水二元混合液。

四、实验步骤

实验中可采用乙醇和正丙醇物系，并按体积比 1∶3 配制成实验液。

实验准备和预实验步骤如下：

1. 液泛操作

将配制好的实验液分别加入再沸器和高位稳压料液瓶。向冷凝器通入恒定流量的冷却水，保持溢流槽中有一定溢流。打开控制仪的总电源开关，逐步加大再沸器的加热电压，使再沸器内料液缓慢加热至沸。逐渐增大加热功率，使填料完全被润湿，并记下液泛时的釜压，作为选择操作条件的依据，然后降低加热电压，使溶液保持微沸。

2. 全回流下，不同上升蒸汽流速（或釜压）操作

调节加热功率，分别将釜压控制在液泛釜压的 40%、60%、80% 处，在全回流下，待操作稳定后，分别从塔顶和塔底采样分析，至少平行测定两次，直至测定结果平行为止。

3. 部分回流操作（选做）

（1）将配制好的实验液 1000mL，分别加入再沸器和稳压料液瓶。再沸器中加入量约为 500mL。

（2）向冷凝器通入恒定流量的冷却水，保持溢流槽中有一定溢流，然后打开控制仪的总电源开关。逐步加大再沸器的加热电压，使再沸器内料液缓慢加热至沸。

（3）料液沸腾后，先预液泛一次，以保证填料完全被润湿，并记下液泛时的釜压，作为选择操作条件的依据。

（4）预液泛后，降低加热电压，保持溶液微沸，待填料层内挂液全部流回再沸器后，才能重新开始实验。

注意事项如下：

1. 在采集分析试样前，一定要有足够的稳定时间。只有当观察到各点温度和釜压恒定后，才能取样分析，并以分析数据恒定为准。

2. 为保证上升蒸汽的充分冷凝及回流量保持恒定，冷却水的流量要充足并维持恒定。

3. 预液泛不要过于猛烈，以免影响填料层的填充密度，更须切忌将填料冲出塔体。

4. 再沸器和预热器液位始终要保持在加热棒以上，以防设备烧裂。

5. 实验完毕后，应先关掉加热电源，待物料冷却后，再停冷却水。

6. 测定样品折射率时，注意保持温度恒定。

五、数据处理

1. 测量并记录实验基本参数

（1）设备基本参数

填料柱的内径：$d = 25\text{mm}$；精馏段填料层高度：$h_R = \underline{\hspace{2cm}} \text{mm}$

提馏段填料层高度：$h_s = \underline{\hspace{2cm}} \text{mm}$

填料型式及填充方式：不锈钢 θ 形多孔压延填料（乱堆）、瓷拉西环填料（乱堆）

（2）实验液及共物性数据

实验物系：A 为 _____；B 为 _____

实验液组成：

实验液的泡点温度：

各纯组分的摩尔质量：$M_A = \underline{\hspace{2cm}}$；$M_B = \underline{\hspace{2cm}}$

各纯组分的沸点： $T_A = \underline{\hspace{2cm}}$；$T_B = \underline{\hspace{2cm}}$

各纯组分的折射率（室温下）： $D_A=$ ；$D_B=$

混合液组成与折射率的关系： $D_m=D_Ax_A+D_Bx_B$

2. 实验数据记录

对于全回流下汽液流速（蒸馏釜釜压）对分离能力影响测定，数据可参考下表记录。

实 验 内 容	
釜内压力 p/mmH$_2$O	
柱顶蒸汽温度 Tv/℃	
釜残液温度 T_w/℃	
馏出液折射率 n_d	
馏出液组成 x_d/%	
釜残液折射率 n_w	
釜残液组成 x_w/%	
柱顶相对挥发度 α_d	
柱底相对挥发度 α_w	
平均相对挥发度 α	

3. 实验数据整理

实 验 内 容	
釜内压力 p/mmH$_2$O	
全回流理论塔板数，$N_{T,0}$/块	
等板高度，$h_{e,0}$/m	

六、思考题

1. 精馏操作为什么需要回流？

2. 利用折射率求溶液浓度时，样品的测量温度对结果是否有影响？

3. 如何判断精馏操作是否稳定？

实验 54　连续精馏填料性能评比实验

一、实验目的

1. 掌握影响连续精馏中填料塔分离能力的因素和精馏操作条件的测定与控制方法。

2. 在一定实验条件下，对比 θ 形不锈钢压延孔环填料和瓷拉西环填料的分离能力。

3. 培养设计、组织、安排实验的能力。

二、实验原理

精馏塔分为填料塔和板式塔两大类。实验室的精密蒸馏多采用填料塔，填料的型式、规格以及填充方法等都对分离能力及效率有很大的影响。填料塔的分离能力常以1m高的填料层内所相当的理论塔板数（也叫理论级数）来表示，或者以相当于一块理论塔板的填料层高度，即等板高度（HETP）来表示。根据分离要求以及填料的等板高度可以设计确定整个填料层高度。

影响分离的因素大致分为三个方面：物料的物性因素、设备因素、操作因素。

评价精馏柱和填料性能的方法，通常采用在全回流下，测定填料层相当的理论塔板数。在全回流操作下，达到给定分离目标所需理论塔板数最少，即设备分离能力达到最大，对填料的分离能力有放大作用，同时全回流操作简便，易于实现。

在全回流操作下，达到给定分离目标所需理论塔板数一般采用解析计算法，文献上称之为芬斯克（Fenske）方程：

$$N_{T,0} = \frac{\lg\left[\left(\dfrac{x_d}{1-x_d}\right)\left(\dfrac{1-x_W}{x_W}\right)\right]}{\lg\alpha_m} - 1 \tag{1}$$

$$\alpha_m = \sqrt{\alpha_d \cdot \alpha_w} \tag{2}$$

式中，x_d、x_W 分别为塔顶馏出液组成和塔釜釜残液组成，均为摩尔分数；α_d、α_w、α_m 分别为塔顶温度、塔釜温度下相对挥发度及塔顶塔釜的平均相对挥发度；$N_{T,0}$ 为全回流操作下，达到给定分离目标所需理论塔板数，或者一定条件下精馏设备相当的理论塔板数，块。

填料层的等板高度（理论塔板当量高度）HETP（简写为 $h_{e,0}$）为：

$$h_{e,0} = \frac{h}{N_{T,0}} \tag{3}$$

式中，h 为填料层的总高度，mm。

本实验为综合设计性试验，拟采用一定初始组成的乙醇-正丙醇二元混合液，在全回流操作条件下，评比 θ 形不锈钢压延孔环填料和瓷拉西环填料的分离能力。

预习要点：

1. 精馏原理、影响填料塔分离能力的因素、分离能评价方法及参数。

2. 阿贝折射仪的使用。

三、仪器与试剂

仪器：瓷拉西环填料精馏装置，θ 形不锈钢压延环填料精馏装置，阿贝折射仪。

本实验装置由连续填料精馏柱和精馏塔控制仪两部分组成，实验装置流程及其控制线路如图1所示。连续填料精馏柱由精馏柱、分馏头、再沸器、原料液预热器和进、出料装置四部分组成。填料型号有 θ 形不锈钢压延孔环填料和瓷拉西环两种，填充方式均为乱堆。精馏塔控制仪由四部分组成。通过调节再沸器的加热功率用以控制蒸发量和蒸汽速度；回流比调节器用以调节控制回流比；温度数字显示仪通过选择开关，测量各点温度（包括柱、蒸汽、入塔料液、回流液和釜残液的温度）；预热器温度调节器调节进料温度。

柱顶冷凝器用水冷却，冷却水流量恒定。

试剂：无水乙醇，正丙醇，丙酮，甘油。

四、实验步骤

实验中可采用无水乙醇和正丙醇物系（体积比 1：3），根据给定实验装置比较一定高度

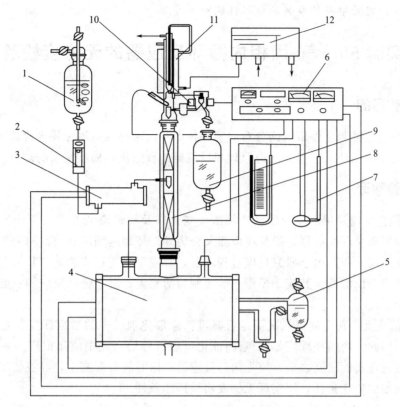

图 1 填料塔连续精馏装置（本实验装置图参照清华教仪连续精馏装置绘制）

1—原料液高位瓶；2—转子流量计；3—原料液预热器；4—蒸馏釜；5—釜液受器；6—控制仪；

7—单管压差计；8—填料分馏柱；9—馏出液受器；10—回流比调节器；

11—分馏头；12—冷却水高位槽

的 θ 形不锈钢压延孔环填料和瓷拉西环填料的分离能力。

可根据实验目的、内容，参照连续填料精馏柱分离能力测定实验进行。

注意事项：

1. 在采集分析试样前，一定要有足够的稳定时间。只有当观察到各点温度和压差恒定后，才能取样分析，并以分析数据恒定为准。

2. 为保证上升蒸汽全部冷凝，冷却水的流量要控制适当，并维持恒定。

3. 预液泛不要过于猛烈，以免影响填料层的填充密度，更须切忌将填料冲出塔体。

4. 再沸器液位始终要保持在加热器以上，以防设备烧裂。

5. 实验完毕后，应先关掉加热电源，待物料冷却后，再停冷却水。

五、数据处理

1. 根据测定结果，科学设计表格记录实验原始数据。

2. 参照连续填料精馏柱分离能力测定实验进行数据处理。

六、思考题

1. 为评价两种填料的分离能力，实验中应测定那些参数？这些参数的控制有何特点？

2. 如何评价实验中两种填料的分离性能?

实验 55　气-固相内循环反应器的无梯度检验

一、实验目的

1. 初步掌握一种测定停留时间分布的实验技术和内循环反应器无梯度检验方法。
2. 加深对于内循环反应器的构造原理和反应器的理想流动模型实质的理解。

二、实验原理

气-固相催化反应常用的反应器从产物浓度变化以及物料流动方式上可分为：微分反应器、积分反应器和循环反应器，循环反应器又分为外循环和内循环反应器两大类。不论采用何种类型的反应器，在其用于研究反应过程之前，都应事先通过实验确定其流动模型。对于微分反应器和积分反应器，其流动模型一般控制为活塞流；对于循环反应器一般在全混流状况下进行实验研究。

气-固相催化反应在全混流状况下运行时可消除催化剂层中的浓度梯度和温度梯度，即实现无梯度，因此，内循环反应器在气-固催化反应过程的研究中应用很广。采用内循环反应器进行反应过程实验研究之前，应先通过反应器停留时间分布测定，寻找使反应器达到理想的全混流模型的操作条件，即实现无梯度实验操作条件。

阶跃激发-响应法是在某一瞬间时，在反应器入口处，向定常态流动的主气流中突然加入稳定流量的示踪气体，与此同时，在反应器出口处连续测定主气流中示踪气体的浓度随时间的变化。清洗法的操作步骤恰好与阶跃法相反，即在入口处突然中断主气流中的示踪气体，同时测定出口气体中示踪气体的浓度随时间的变化。实验中以阶跃激发-响应技术之一的清洗法测定停留时间分布为手段，对内循环反应器进行无梯度检验，以便确定实现无梯度操作的边界条件。

对于全混流反应器，停留时间分布用停留时间分布函数 $F(t)$ 与时间 t 的变化关系来描述，称为停留时间分布曲线，如图 1 所示。

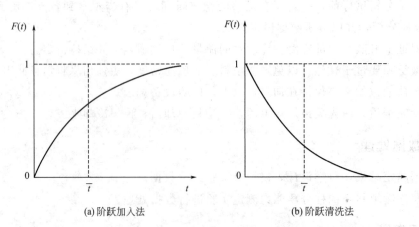

(a) 阶跃加入法　　　　　　　(b) 阶跃清洗法

图 1　全混流模型的停留时间分布曲线

通过对全混流反应器中的示踪粒子进行物料衡算，可以得到全混流反应器的流动模型。

气体流过反应器达到了全混流，则反应器内各处的浓度必定相等，并且与反应器出口处的浓度完全相同，若采用清洗法测定停留时间分布，并设定：反应器的流通体积（即反应体积）为 V_R；物料进入反应器的体积流率为 $q_{V,0}$；物料流出反应器的体积流率为 q_V；入口物料中示踪物的浓度为 c_0；出口物料中示踪物的浓度为 $c(t)$。

则从反应器入口处含有示踪物浓度 $c_0 = c_{max}$ 的物料切换为不含有示踪物的物料流（即 $c_0 = 0$）的瞬时算起，直至出口物料流中示踪物的浓度逐渐由 $c(t) = c_{max}$ 降为 $c(t) = 0$ 时为止，在此期间内的某一时刻取时间间隔 dt，对示踪物进行物料衡算，可得物料衡算式：

$$q_{V,0}c_0 - q_V c(t) = \frac{V_R \, dc(t)}{dt} \tag{1}$$

由于入口物料流中示踪物的浓度 $c_0 = 0$，则上式经整理后可得：

$$\frac{-dc(t)}{c(t)} = \frac{q_V}{V_R} dt \tag{2}$$

按下列边界条件积分上式。

当 $t = 0$ 时，出口处瞬时浓度 $c(t=0) = c_{max}$；当 $t = t$ 时，出口处瞬时浓度 $c(t=t) = c(t)$。

$$-\int_{c_{max}}^{c(t)} \frac{dc(t)}{c(t)} = \frac{q_V}{V_R} \int_0^t dt \tag{3}$$

由此可得：

$$-\ln\left[\frac{c(t)}{c_{max}}\right] = \frac{q_V}{V_R} t \tag{4}$$

对于定常、恒容、进出口无返混的流动体系，$q_V = q_{V,0}$，$V_R/q_{V,0} = \bar{t}$，并且已知停留时间分布函数 $F(t) = c(t)/c_{max}$，则上式又可表示为：

$$-\ln F(t) = \frac{t}{\bar{t}} \tag{5}$$

由此式可见，反应器达到全混流时，$-\ln F(t)$ 与 t 呈线性关系，且回归直线的斜率等于 $1/\bar{t}$。

若以无量纲时间 θ 为时标，且已知 $F(\theta) = F(t)$，则上式又可表示为：

$$\theta = t/\bar{t} \tag{6}$$

$$-\ln F(\theta) = \theta \tag{7}$$

由此式可见反应器达到全混流时 $-\ln F(\theta)$ 与 θ 呈线性关系，且回归直线的斜率等于 1。

因此，用清洗法测得的实验数据标绘成 $-\ln F(t)$-t 曲线，或者 $-\ln F(\theta)$-θ 曲线，即可由曲线的线性相关性（$r \geqslant 0.99$）和直线的斜率（接近于 1）来检验判断反应器在该操作条件下是否实现了全混流，即反应器内是否实现了浓度和温度的无梯度。

实验中以氮气为主流气体，氢气为示踪气体，并采用热导鉴定器检测反应器出口示踪气体的浓度随时间变化的关系，若采用计算机直接采集数据，且已知示踪物浓度 $c(t)$ 与测得的毫伏值 $U(t)$ 呈过原点的线性关系，则：

$$t = n/u \tag{8}$$

$$F(t) = \frac{c(t)}{c_{max}} = \frac{U(t)}{U_{max}} \tag{9}$$

式中，n 为数据采集累计次数，次；u 为数据采集频率，次/秒。

实验中记录仪输出实验曲线如图 2 所示。依据式（6）将 t 转换为 θ。对于阶梯法，$\bar{t}$ 的计算可参照下式。

$$\bar{t} = \frac{\sum\limits_{0}^{n} t_i \Delta F(t)}{\sum\limits_{0}^{n} \Delta F(t)} = \frac{\sum\limits_{i=1}^{n} t_i [F(t_i) - F(t_{i-1})]}{\sum\limits_{i=1}^{n} [F(t_i) - F(t_{i-1})]} \tag{10}$$

将测得的原始数据换算后，标绘出 $-\ln F(t)\text{-}t$ 和 $-\ln F(\theta)\text{-}\theta$ 曲线，根据标绘的曲线的线性相关程度和斜率进行检验判断，若实验数据点完全落在一条直线上，也即相关系数接近于 1，且 $-\ln F(\theta)\text{-}\theta$ 关系曲线与斜率为 1 的直线完全重合，则反应器内的浓度分布达到了无梯度，否则未能达到无梯度。

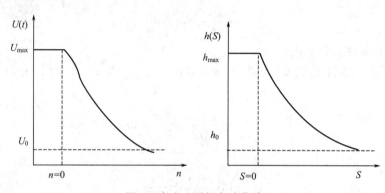

图 2　清洗法测得实验曲线

三、仪器与试剂

实验装置（图 3）由内循环反应器、气路控制箱、电路控制箱和配置有 A/D 转换板的计算机四部分组成。氮气来自氮气钢瓶，氢气来自氢气钢瓶。

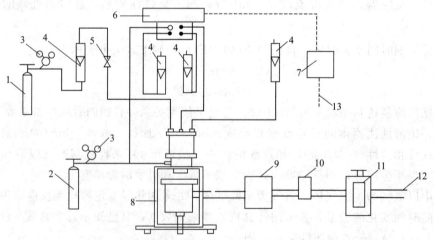

图 3　装置流程（本实验装置图参照清华教仪气体停留时间分布装置绘制）

1—氢气钢瓶；2—氮气钢瓶；3—减压阀；4—流量计；5—截止阀；6—热导池；

7—A/D 转换板；8—内循环反应器；9—整流器；10—转速表；

11—转速器；12—接电源；13—接计算机

四、实验步骤

实验装置由内循环反应器、气路控制箱、电路控制箱和配置有 A/D 转换板的计算机四部分组成。主流氮气来自氮气钢瓶，经减压阀和稳压阀导入反应器的气体入口。自反应器出口排出的气体，其中一路主气流经气体流量计计量后放空；另一路通过导热池的工作臂，再经气体流量计计量后放空。导热池参考臂所需的气体，直接来自氮气钢瓶。先经减压阀和稳压阀，经气体流量计计量后放空。示踪气体来自氢气钢瓶，经气体流量计计量后，通过截止阀的切换，可将一定量的示踪气体加入或者停止加入到主气流中。进口气体中示踪气体的浓度变化用热导鉴定器进行检测。检测信号通过接口输入计算机。参考以下步骤完成实验。

1. 调节氮气和氢气的压力为实验所需值。

2. 调节氮气流量：主流氮气流量范围：$400\sim800\mathrm{mL\cdot min^{-1}}$；热导池参考臂气体流量范围：$40\sim80\mathrm{mL\cdot min^{-1}}$；热导池工作臂气体流量范围：$40\sim80\mathrm{mL\cdot min^{-1}}$。

3. 待各路流量稳定后，打开电路系统和计算机。启动计算机及实验数据采集程序，待用。设置检测器工作电流，使热导池工作电压介于 $8\sim9\mathrm{V}$ 之间。需稳定 30min 后方可进行下面操作。

4. 在一定气体流量下，按下列步骤用清洗法测定停留分布时间。

（1）在 $1000\sim2000\mathrm{r\cdot min^{-1}}$ 范围内，调定搅拌转速。

（2）调节示踪气体氢气的流量，保证检测到的信号介于 $900\sim1000\mathrm{mV}$ 之间，且保持恒定。

（3）待 U_{max} 稳定不变后快速关闭氢气截止阀，同时按下数据采集指令键。

（4）待热导池输出电压降至基线位置，按下终止数据采集命令，将采集到数据赋予文件名（8 位以下字母或数字）后存入待用。

（5）改变搅拌速度，重复上述实验步骤。注意：调定搅拌速度后，必须重新检查和调整池平衡。

5. 改变气体流量，重复进行实验，由此可测得一系列不同流量和转速下的停留时间分布曲线。

通过上述一系列的实验可寻求反应器实现无梯度的最大流量和最低搅拌转速。

6. 实验数据采集和处理完毕之后，按下列步骤进行停机操作。

（1）将搅拌转速调回零点。

（2）关掉电路系统电源开关。

（3）先关闭钢瓶总阀门，然后关闭各路气体调节阀。

（4）记录数据，最后关闭计算机电源开关。

注意事项如下：

1. 开机时，必须先通气，后通电，关机时，必须先断电，后断气。以此保证热导池在有气体流通的状态下运行，防止烧毁热导池。

2. 为了保证热导鉴定器的工作性能稳定，在实验之前必须至少稳定运行 1h 以上，为保证测定精确，必须仔细耐心调节池平衡和热导调零。同时，在整个操作过程，必须保持各路气体流量和桥路工作电流稳定，否则仪器无法稳定运行。

3. 气体高压钢瓶的使用一定要严格按操作规程进行操作，注意安全。

五、数据处理

1. 记录实验设备与操作的基本参数

内循环反应器。填装颗粒物种类：

颗粒直径 $d_p=$ 　　mm；颗粒填装量 $V_p=$ 　　mL；反应体积 $V_R=$ 　　mL。

热导鉴定工作参数：

工作电流 $I=$ 　　mA；参考臂气体流量 $q_V=$ 　　mL·min^{-1}；工作臂气体流量 $q_V=$ 　　mL·min^{-1}

2. 实验数据记录

主流气体流量 $q_{V,0}=$ 　　mL·min^{-1}；　示踪气体流量 $q_{V,i}=$ 　　mL·min^{-1}；

搅拌器转速 $r=$ 　　r·min^{-1}；采集数据频率 $u=$ 　　次/秒

编　号	
数据采集累计次数 n/次·秒$^{-1}$	
电压值 $U(n)$/mV	

3. 数据整理

（1）将实验数据按下表进行整理

编　号	
时间 t/s	
分布函数 $F(t)$	
$-\ln F(t)$	

列出表中各项计算公式。

（2）按上表标绘 $F(t)$-t 停留时间分布曲线和 $-\ln F(t)$-t 检验曲线，求算检验曲线的线性相关系数、回归系数和平均停留时间。

将实验数据在按下表进行整理。

编　号	
无量纲时间 θ	
分布函数 $F(\theta)$	
$-\ln F(\theta)$	

（3）按上表数据整理结果，标绘 $F(\theta)$-θ 停留时间分布曲线和 $-\ln F(\theta)$-θ 检验曲线，并在 $-\ln F(\theta)$-θ 图上标出斜率为 1 的参考线，计算检验曲线的线性相关系数和回归系数。

（4）综合判断在气体流量和搅拌速度下反应器内是否达到了无梯度。

六、思考题

1. 无梯度反应器的判定条件是什么？
2. 影响内循环反应器的无梯度条件是什么？
3. 如何根据测定得到的离散 $F(t)$-t 数据计算平均停留时间。

实验 56   连续搅拌釜式反应器液体停留时间分布实验

一、实验目的

1. 通过实验了解利用电导率测定停留时间分布的基本原理和实验方法。

2. 掌握停留时间分布的统计特征值的计算方法。

3. 学会用理想反应器串联模型来描述实验系统的流动特性。

4. 通过试验对停留时间分布、返混、流动特性数学模型等概念以及研究方法有更加深入的理解。

二、实验原理

连续搅拌釜式反应器的流动模型的建立，一般采用实验测定停留时间分布的方法。停留时间分布的常用测定方法有脉冲激发—响应技术和阶跃激发—响应技术。

用脉冲激发方法测定停留时间分布曲线的方法是：在设备入口处，向主体流体瞬时注入少量示踪剂，与此同时在设备出口处检测示踪剂的浓度 $c(t)$ 随时间 t 的变化关系数据或变化关系曲线。由实验测得的 $c(t)$-t 变化关系曲线可以直接转换为停留时间分布密度 $E(t)$ 随时间 t 的关系曲线。

由实验测得 $E(t)$-t 曲线的图像，可以定性判断流体流经反应器的流动状况。由实验测得全混流反应器和多级串联全混流反应器的 $E(t)$-t 曲线的经典图像如图 1 所示。若各釜的有效体积分别为 $V_{R,1}$、$V_{R,2}$ 和 $V_{R,3}$。当单级、二级和三级全混流反应器的总有效体积保持相同，即 $V_{1,CSTR}=V_{2,CSTR}=V_{3,CSTR}$ 时，则 $E(t)$-t 曲线的图像如图 1(a) 所示。当各釜体积虽然相同，但单釜、二釜串联三釜串联的总有效体积又各不相同时，即单釜有效体积 $V_{1,CSTR}=V_{R,1}$，而双釜串联总有效体积 $V_{2,CSTR}=V_{R,1}+V_{R,2}=2V_{R,1}$，三釜串联的总有效体积 $V_{3,CSTR}=V_{1,CSTR}+V_{2,CSTR}+V_{3,CSTR}=3V_{R,1}$，则 $E(t)$-t 曲线的图像如图 1(b) 所示。

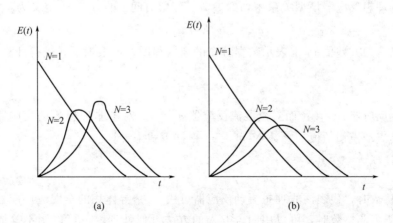

图 1   全混流反应器和多级串联全混流反应器的 $E(t)$-t 曲线

本实验采用示踪响应法测定停留时间分布，其原理是：在反应器入口用电磁阀控制以脉冲方式加入一定量的示踪剂 KNO_3，通过电导率仪测量反应器出口处水溶液电导率的变化，间接描述反应器流体的停留时间。

脉冲输入法是在较短的时间内（0.1～1.0s），向设备内一次注入一定量的示踪剂，同时开始计时并不断分析出口示踪物料的浓度 $c(t)$ 随时间的变化。由概率论知识，概率分布密度 $E(t)$ 就是系统的停留时间分布密度函数。因此，$E(t)dt$ 就代表了流体粒子在反应器内停留时间介于 t-dt 间的概率。

在反应器出口处测得的示踪剂浓度 $c(t)$ 与时间 t 的关系曲线叫响应曲线。由响应曲线可以计算出 $E(t)$ 与时间 t 的关系，并绘出 $E(t)$-t 关系曲线。计算方法是对反应器作示踪剂的物料衡算，即：

$$q_V c(t)dt = mE(t)dt \tag{1}$$

式中 q_V 为主流体的流量；m 为示踪剂的加入量。示踪剂的加入量可以用下式计算：

$$m = \int_0^\infty q_V c(t)dt \tag{2}$$

在 q_V 不变的情况下，由式(1) 和式(2) 求出：

$$E(t) = \frac{c(t)}{\int_0^\infty c(t)dt} \tag{3}$$

关于停留时间分布的另一个统计函数是停留时间分布函数 $F(t)$，即

$$F(t) = \int_0^\infty E(t)dt \tag{4}$$

用停留时间分布密度函数 $E(t)$ 和停留时间分布函数 $F(t)$ 来描述系统的停留时间，给出了很好的统计分布规律。但是为了比较不同停留时间分布之间的差异，还需引入两个统计特征，即数学期望和方差。

数学期望对停留时间分布而言为平均停留时间 $\bar{t}$，即

$$\bar{t} = \frac{\int_0^\infty tE(t)dt}{\int_0^\infty E(t)dt} = \int_0^\infty tE(t)dt \tag{5}$$

方差是和理想反应器模型关系密切的参数。停留时间 t 的方差 σ_t^2 定义为：

$$\sigma_t^2 = \sum t^2 E(t)dt - t^{-2} \tag{6}$$

也可以以 θ 的方差值 σ_θ^2 来表示数据分布的离散程度，可根据下式进行计算。

$$\sigma_\theta^2 = \frac{\sigma_t^2}{t^{-2}} \tag{7}$$

对活塞流反应器 $\sigma_\theta^2 = 0$；而对全混流反应器 $\sigma_\theta^2 = 1$。对于非理想流动反应器或者多釜串联反应器，其流动模型的模型参数 N 可由 σ_θ^2 根据下式来计算。

$$N = \frac{1}{\sigma_\theta^2} \tag{8}$$

当 N 为整数时，代表该非理想流动反应器可用 N 个等体积的全混流反应器的串联来建立模型。当 N 为非整数时，可以用四舍五入的方法近似处理，也可以用不等体积的全混流反应器串联模型。

三、仪器与试剂

反应器为有机玻璃制成的搅拌釜，三个小反应釜有效容积均为 1000mL，一个大反应釜

的有效容积为 3000mL，其搅拌方式均为叶轮搅拌。示踪剂为饱和 KNO_3 水溶液，通过电磁阀瞬时注入反应器。反应器出口示踪剂 KNO_3 在不同时刻浓度 $c(t)$ 的检测通过电导率仪完成。实验装置如图 2 所示。电导率仪的传感器为铂电极，当含有 KNO_3 的水溶液通过安装在釜内液相出口处铂电极时，电导率仪将浓度 $c(t)$ 转化为毫伏级的直流电压信号，该信号经放大器与 A/D 转机卡处理后，由模拟信号转换为数字信号。

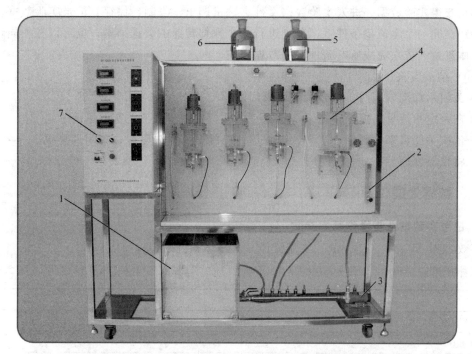

图 2　连续搅拌釜式反应器液体停留时间分布实验装置流程（此装置图为
浙大中控多釜串联液体停留时间实验装置图片）

1—循环水槽；2—流量计；3—调速电机；4—反应釜；5—示踪剂高位瓶；
6—清洗剂高位瓶；7—电路控制系统

实验试剂

主流体：自来水；示踪剂：KNO_3 饱和溶液。

四、实验步骤

1. 实验前准备工作

（1）配制饱和 KNO_3 溶液并预先加入示踪剂瓶内。

（2）将蒸馏水预先加入高位洗瓶内，注意将瓶口小孔与大气连通。

（3）打开自来水阀门向水箱内注入水，注意将瓶口小孔与大气连通。

2. 实验操作

（1）打开系统电源。

（2）打开电导率仪，开始实验前应保证使其预热 0.5h 以上。

（3）开动水泵，调节转子流量计的流量，待各釜内充满水后将流量调至实验要求值，打开各釜放空阀，排净反应器内残留的空气。

（4）打开示踪剂瓶阀门，根据实验项目（单釜或三釜）将指针阀转向对应的实验釜。

（5）启动计算机数据采集系统，使其处于正常工作状态。

（6）键入实验条件。例如，单釜或者多釜；水的流量；搅拌转速；采样次数（10～15次）；进样时间（0.1～1.0s）等。

（7）运行实验。点击确定后，待采集两次空白样（基线）后，点击注入盐溶液。采集时间约需35～40min，采样完成后退出程序。

（8）获得实验数据。进入实验数据文件夹，可调出、复制、保存、记录实验数据。

（9）在同一个水流量条件下，分别进行2个搅拌转速的数据采集；也可以在相同转速下改变液体流量，依次完成所有条件下的数据采集。

（10）结束实验。

① 关闭示踪剂瓶阀门，打开清洗瓶阀门。

② 在一定水流量、搅拌转速下，重复（6）、（7）两步，清洗实验系统。

③ 依次关闭自来水阀门、水泵、搅拌器、电导率仪、总电源；关闭计算机。

④ 将仪器复原。

五、数据处理

1. 记录实验设备与操作基本参数

有效容积：$V_R=$ _____ m^3；主流流体（水）体积流率：$q_V=$ _____ $m^3 \cdot s^{-1}$

搅拌速度：$n=$ _____ $r \cdot min^{-1}$

编　　号	
数据采集累计数 n/次	
时间 t/s	
电压值 $U(n)$/mV	

2. 实验数据整理

（1）由上列实验数据计算停留时间的主要数字特征和模型参数。

停留时间 t/s	
停留时间的数学期望 $\bar{t}$/s	
停留时间分布的方差 σ_t^2/s^2	
停留时间分布的无量纲方差 σ_θ^2	
多级全混流模型参数 N	

列出表中各项的计算公式。

（2）根据每次实验结果，检验是否已接近理想流动模型。进而从一系列实验结果中得出实现理想流动模型的主要操作条件的数值范围。

六、思考题

1. 既然反应器的个数是3个，模型参数 N 又代表全混流反应器的个数，那么 N 就是应该3，若不是，为什么？

2. 全混流反应器具有什么特征，如何利用实验方法判断搅拌釜是否达到全混流反应器的模型要求？如果尚未达到，如何调整实验条件使其接近这一理想模型？

实验 57　填料塔吸收传质系数的测定

一、实验目的

1. 了解填料塔吸收装置的基本结构及流程。
2. 掌握总体积传质系数的测定方法。
3. 了解气体空塔速度和液体喷淋密度对总体积传质系数的影响。
4. 掌握尾气浓度的分析方法。
5. 掌握转子流量计和湿式流量计的使用方法。

二、实验原理

气体吸收是典型的传质过程之一。对于低浓度气体吸收，由于塔内气、液流率几乎不变，全塔的流动状况相同，因此对某一个填料塔来说，塔内的传质系数可视为恒定。测定相关的数据，根据低浓度气体吸收公式就可计算填料塔的总体积传质系数。本实验采用水吸收空气中的氨气为实验体系，测定填料塔的总体积传质系数。

1. 计算公式

填料层高度 Z 为：

$$Z = \int_0^Z \mathrm{d}Z = \frac{G}{K_y a} \int_{y_2}^{y_1} \frac{\mathrm{d}y}{y - y^*} = H_{OG} \cdot N_{OG} \tag{1}$$

式中，G 为气体通过塔截面的摩尔流量，$\mathrm{kmol} \cdot \mathrm{m}^{-2} \cdot \mathrm{s}^{-1}$；$K_y a$ 为以 Δy 为推动力的气相总体积传质系数，$\mathrm{kmol} \cdot \mathrm{m}^{-3} \cdot \mathrm{s}^{-1}$；$H_{OG}$ 为气相总传质单元高度，m；N_{OG} 为气相总传质单元数，无量纲；y_1 为溶质在进塔气体中的摩尔分数；y_2 为溶质在出塔气体中的摩尔分数；y 为溶质在气相中的摩尔分数；y^* 为溶质在液相中的平衡摩尔分数。

令

$$S = mG_y / L \tag{2}$$

式中，G_y 为气体通过塔截面的摩尔流量，$\mathrm{kmol} \cdot \mathrm{m}^{-2} \cdot \mathrm{s}^{-1}$；$m$ 为相平衡常数；S 为脱吸因数；L 为液体通过塔截面的摩尔流量，$\mathrm{kmol} \cdot \mathrm{m}^{-2} \cdot \mathrm{s}^{-1}$。

$$N_{OG} = \frac{1}{1-S} \ln \left[(1-S) \frac{y_1 - mx_2}{y_2 - mx_2} + S \right] \tag{3}$$

$$H_{OG} = \frac{Z}{N_{OG}} \tag{4}$$

$$K_y a = \frac{G}{H_{OG}} \tag{5}$$

式中，x_2 为吸收剂中溶质的初始摩尔浓度。

2. 测定方法

（1）空气流量和水流量的测定　本实验采用转子流量计测定空气和水的流量，并根据实验条件（温度和压力）和有关公式换算成空气和水的摩尔流量。

气体流量校正公式为：

$$V = V' \sqrt{\frac{\rho_0}{\rho}} \tag{6}$$

式中，V 为实际气体体积流量，$m^3 \cdot h^{-1}$；V' 为操作条件下转子流量计中读取的气体体积流量，$m^3 \cdot h^{-1}$；ρ_0 为标定条件下空气的密度，$kg \cdot m^{-3}$；ρ 为测定条件下气体的密度，$kg \cdot m^{-3}$。

液体流量校正公式为：

$$V = V'\sqrt{\frac{\rho_0(\rho_f - \rho)}{\rho(\rho_f - \rho_0)}} \tag{7}$$

式中，V 为实际液体体积流量，$m^3 \cdot h^{-1}$；V' 为操作条件下转子流量计中读取的液体体积流量，$m^3 \cdot h^{-1}$；ρ_f 为转子的密度，$7.9 \times 10^3 kg \cdot m^{-3}$；$\rho_0$ 为标定条件下水的密度，$kg \cdot m^{-3}$；ρ 为测定条件下液体的密度，$kg \cdot m^{-3}$。

（2）测定填料层高度 Z 和塔径 D　由实验装置确定。

（3）测定塔底和塔顶气相组成 y_1 和 y_2　塔底进气浓度为：

$$y_1 \approx Y_1 = \frac{n_{NH_3}}{n_{air}} \tag{8}$$

式中，n_{NH_3} 为进塔混合气中氨气的摩尔流率，$kmol \cdot h^{-1}$；n_{air} 为进塔混合气中空气的摩尔流率，$kmol \cdot h^{-1}$。

塔顶出气浓度：通过与酸进行中和反应来测定塔顶出气浓度。具体方法如下：取 V（mL）浓度为 c（$mol \cdot L^{-1}$）的硫酸置于洗气瓶内，加 2～3 滴指示剂（0.1％溴百里酚蓝的乙醇溶液），将少量尾气通入洗气瓶内，经硫酸吸收后再通过湿式流量计放空，一直到中和反应的终点（指示剂由黄棕色变至黄绿色）立刻停止通气。由下式计算塔顶出气浓度 y_2：

$$y_2 \approx Y_2 = \frac{n_{NH_3}}{n_{air}} = \frac{2Vc}{\dfrac{p_0 V_0}{RT_0}} \tag{9}$$

式中，y_2 为出塔气体的摩尔分数；c 为硫酸的浓度，$mol \cdot L^{-1}$；V 为所用硫酸的体积，L；p_0、V_0、T_0 为尾气经洗气瓶吸收后，通过湿式流量计时空气的压力（Pa）、体积（L）、温度（K）；R 为气体常数，$8.314J \cdot mol^{-1} \cdot K^{-1}$。

（4）平衡关系　本实验的平衡关系可写成：

$$y = mx \tag{10}$$

式中，m 为相平衡常数，$m = E/p$。E 为亨利系数，$E = f(T)$，Pa，根据液相温度 T（K）由下式计算：

$$\lg E = 11.468 - 1922/T \tag{11}$$

p 为全塔平均压力，Pa。

实验时，测定操作压力 p 和温度 T，由式(11)得亨利系数 E，计算得相平衡常数 $m = E/p$；由转子流量计测定空气和水的流量，并根据实验条件（温度和压力）和有关公式换算成空气和水的摩尔流量，再除以塔的截面积得到气、液通过塔截面的摩尔流量 G、L；由式(2) 计算得到 S；通过流量计计量和化学滴定方法确定气体进出口浓度 y_1，y_2；由式(3) 得 N_{OG}；由式(4) 得 H_{OG}；由式(5) 得 $K_y a$。测定多组气、液流量下的 H_{OG} 和 $K_y a$，以考察气、液流量对 H_{OG} 和 $K_y a$ 的影响。

三、仪器与试剂

装置流程如图 1 所示。

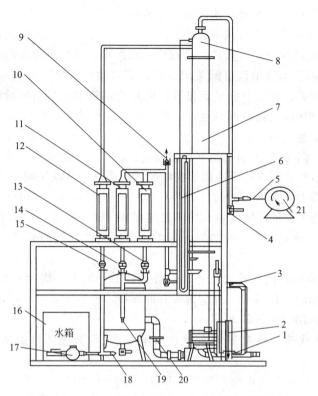

图 1　吸收装置流程图（实验装置图参照浙大中控吸收实验装置绘制）

1—液体出口阀 1；2—风机；3—液体出口阀 2；4—放空阀；5—出塔气体取样口；6—U 形压差计；7—填料层；

8—塔顶预分离器；9—进塔气体取样口；10—气体小流量玻璃转子流量计（0.4～4m³·h⁻¹）；11—气体大流量

玻璃转子流量计（2.5～25m³·h⁻¹）；12—液体玻璃转子流量计（100～1000L·h⁻¹）；13—气体进口闸阀 V1；

14—气体进口闸阀 V2；15—液体进口闸阀 V3；16—水箱；17—水泵；18—液体进口温度检测点；

19—混合气体温度检测点；20—风机旁路阀；21—湿式气体流量计（前有洗瓶）

吸收塔：高效填料塔，塔径 100mm，塔内装有一定比表面积、一定高度的填料。

转子流量计。

介质	条　件			
	最大流量	最小刻度	标定介质	标定条件
空气	4m³·h⁻¹	0.1m³·h⁻¹	空气	20℃,1.0133×10⁵Pa
NH₃	60L·h⁻¹	10L·h⁻¹	空气	20℃,1.0133×10⁵Pa
水	1000L·h⁻¹	20L·h⁻¹	水	20℃,1.0133×10⁵Pa

空气压缩机；氨气钢瓶。

四、实验步骤

自来水经离心泵加压后送入填料塔塔顶经喷头喷淋在填料顶层。由鼓风机送来的空气和由氨气钢瓶来的氨气混合后，一起进入气体中间贮罐，经转子流量计测定流量，然后再直接进入塔底，与水在塔内进行逆流接触，进行质量和热量的交换。由塔顶出来的尾气经转子流量计后放空，少量的尾气经洗气瓶吸收后通过湿式流量计计量后放空。由于本实验为低浓度气体的吸收，所以热量交换可略，整个实验过程看成是等温操作。参考以下步骤完成实验。

1. 开启自来水阀门，向水箱注水，至 3/4 液位；

2. 打开仪表电源开关，进行仪表自检；

3. 打开混合罐底部阀门，排放掉混合罐中的冷凝水，然后再将阀门关闭；

4. 在泵出口管路上水流量调节阀关闭的状态下启动离心泵，开启水泵进水阀门，使水进入填料塔润湿填料，仔细调节转子流量计，使其流量稳定在某一实验值（塔底液封控制：仔细调节吸收塔底部吸收液出口阀开度，使塔底液位缓慢地在一段区间内变化，以免塔底液封过高溢满或过低而泄气）；

5. 在空气流量调节阀关闭的状态下启动风机，调节空气流量计至某一流量；

6. 打开 NH_3 钢瓶总阀，并缓慢调节钢瓶的减压阀（注意减压阀的开关方向与普通阀门的开关方向相反，顺时针为开，逆时针为关），使其压力稳定在 0.8MPa 左右；

7. 调节 NH_3 转子流量计的流量，使其稳定在某一值，使混合后氨的含量在 5% 左右；

8. 待塔中的压力靠近某一实验值时，仔细调节尾气放空阀的开度，直至塔中压力稳定在实验值；

9. 待塔操作稳定后，读取并记录各流量计的读数、温度、塔顶塔底压差读数，分析氨的含量；测定塔顶出塔气相组成（放空阀旁有取样口，连接洗瓶内一定浓度的硫酸经湿式流量计测流量，可分析尾气中氨的含量）；

10. 调节水流量或改变进料氨的含量，测定 3～4 组数据；每组实验要更换洗瓶内的硫酸。

11. 实验完毕，关闭氨气钢瓶和转子流量计、水转子流量计、风机出口阀门，再关闭进水阀门及风机电源开关（实验完成后先停止水的流量再停止气体的流量，防止液体从进气口倒压破坏管路及仪器）。清理实验仪器和实验场地。

注意事项如下：

1. 固定好操作点后，应随时注意调整以保持各量不变。

2. 实验操作中，注意保持液封液位稳定，以免塔底液封过高溢满或过低而泄气。

3. 在填料塔操作条件改变后，需要有较长的稳定时间，一定要等到稳定以后方能读取有关数据。

五、数据处理

1. 将原始数据列表。

2. 列出实验结果与计算示例。

六、思考题

1. 本实验中，为什么塔底要有液封？液封高度如何计算？

2. 为什么氨气吸收过程属于气膜控制？

3. 当气体温度和液体温度不同时，应用什么温度计算亨利系数？

实验 58　恒压过滤常数测定

一、实验目的

1. 熟悉板框压滤机的构造和操作方法。

2. 通过恒压过滤实验，验证过滤基本理论。

3. 学会测定过滤常数 K、q_e、τ_e 及压缩性指数 s 的方法。

4. 了解过滤压力对过滤速度的影响。

二、实验原理

过滤是以某种多孔物质为介质来处理悬浮液以达到固、液分离的一种操作过程，即在外力的作用下，悬浮液中的液体通过固体颗粒层（即滤渣层）及多孔介质的孔道，而固体颗粒被截留下来形成滤渣层，从而实现固、液分离。因此，过滤操作本质上是流体通过固体颗粒层的流动，而这个固体颗粒层（滤渣层）的厚度随着过滤的进行而不断增加，故在恒压过滤操作中，过滤速度不断降低。

过滤速度 u 定义为单位时间单位过滤面积内通过过滤介质的滤液量。影响过滤速度的主要因素除过滤推动力（压力差）Δp，滤饼厚度 L 外，还有滤饼和悬浮液的性质、悬浮液温度、过滤介质的阻力等。

过滤时滤液流过滤渣和过滤介质的流动过程基本上处在层流流动范围内，因此，可利用流体通过固定床压降的简化模型，寻求滤液量与时间的关系，可得过滤速度计算式：

$$u = \frac{dV}{A\,d\tau} = \frac{dq}{d\tau} = \frac{A\Delta p^{(1-s)}}{\mu \cdot r \cdot C(V+V_e)} = \frac{A\Delta p^{(1-s)}}{\mu \cdot r' \cdot C'(V+V_e)} \tag{1}$$

式中，u 为过滤速度，$m \cdot s^{-1}$；V 为通过过滤介质的滤液量，m^3；A 为过滤面积，m^2；τ 为过滤时间，s；q 为通过单位面积过滤介质的滤液量，$m^3 \cdot m^{-2}$；Δp 为过滤压力（表压），Pa；s 为滤渣压缩性系数；μ 为滤液的黏度，$Pa \cdot s$；r 为滤渣比阻，m^{-2}；C 为单位滤液体积的滤渣体积，$m^3 \cdot m^{-3}$；V_e 为过滤介质的当量滤液体积，m^3；r' 为滤渣比阻，$m \cdot kg^{-1}$；C' 为单位滤液体积的滤渣质量，$kg \cdot m^{-3}$。

对于一定的悬浮液，在恒温和恒压下过滤时，μ、r、C 和 Δp 都恒定，为此令：

$$K = \frac{2\Delta p^{(1-s)}}{\mu \cdot r \cdot C} \tag{2}$$

于是式（1）可改写为：

$$\frac{dV}{d\tau} = \frac{KA^2}{2(V+V_e)} \tag{3}$$

式中，K 为过滤常数，由物料特性及过滤压差所决定，$m^2 \cdot s^{-1}$。

将式（3）分离变量积分，整理得：

$$\int_{V_e}^{V+V_e} (V+V_e)\,d(V+V_e) = \frac{1}{2}KA^2 \int_0^\tau d\tau \tag{4}$$

即

$$V^2 + 2VV_e = KA^2\tau \tag{5}$$

将式（4）的积分极限改为从 0 到 V_e 和从 0 到 τ_e 积分，则：

$$V_e^2 = KA^2\tau_e \tag{6}$$

将式（5）和式（6）相加，可得：

$$(V+V_e)^2 = KA^2(\tau+\tau_e) \tag{7}$$

式中，τ_e 为虚拟过滤时间，相当于滤出滤液量 V_e 所需时间，s。

再将式（7）微分，得：

$$2(V+V_e)\,dV = KA^2\,d\tau \tag{8}$$

将式（8）写成差分形式，则：

$$\frac{\Delta\tau}{\Delta q} = \frac{2}{K}\bar{q} + \frac{2}{K}q_e \tag{9}$$

式中，Δq 为每次测定的单位过滤面积滤液体积（在实验中一般等量分配），$m^3 \cdot m^{-2}$；$\Delta\tau$ 为每次测定的滤液体积 Δq 所对应的时间，s；$\bar{q}$ 为相邻两个 q 值的平均值，$m^3 \cdot m^{-2}$。

以 $\Delta\tau/\Delta q$ 为纵坐标，$\bar{q}$ 为横坐标将式（9）标绘成一直线，可得该直线的斜率和截距，斜率为 $S = \frac{2}{K}$，截距为 $I = \frac{2}{K}q_e$，则 $K = \frac{2}{S}$，$m^2 \cdot s^{-1}$；$q_e = \frac{KI}{2} = \frac{I}{S}$，$m^3$；$\tau_e = \frac{q_e^2}{K} = \frac{I^2}{KS^2}$，s。

改变过滤压差 Δp，可测得不同的 K 值，由 K 的定义式（2）两边取对数得：

$$\lg K = (1-s)\lg(\Delta p) + B \tag{10}$$

在实验压差范围内，若 B 为常数，则 $\lg K$-$\lg(\Delta p)$ 的关系在直角坐标上应是一条直线，斜率为 $(1-s)$，可得滤饼压缩性指数 s。

三、仪器与试剂

本实验装置由空气压缩机、配料槽、压力料槽、板框过滤机等组成，其流程示意见图1。

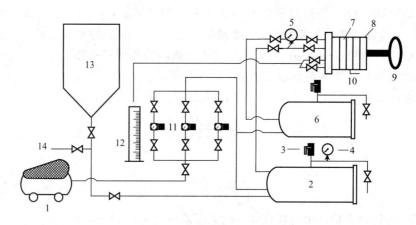

图 1　板框压滤机过滤流程图（实验装置图参照浙大中控板框过滤实验装置绘制）

1—空气压缩机；2—压力罐；3—安全阀；4，5—压力表；6—清水罐；7—滤框；8—滤板；9—手轮；10—通孔切换阀；11—调压阀；12—量筒；13—配料罐；14—地沟

板框压滤机的结构尺寸：框厚度 20mm，每个框过滤面积 $0.0177m^2$，框数 2 个。

空气压缩机规格型号：风量 $0.06m^3 \cdot min^{-1}$，最大气压 0.8MPa。

$CaCO_3$ 10%～30%（质量分数）的水悬浮液。

四、实验步骤

$CaCO_3$ 的悬浮液在配料桶内配制一定浓度后，利用压差送入压力料槽中，用压缩空气加以搅拌使 $CaCO_3$ 不致沉降，同时利用压缩空气的压力将滤浆送入板框压滤机过滤，滤液流入量筒计量，压缩空气从压力料槽上排空管中排出。按照以下步骤完成实验。

1. 实验准备

(1) 配料：在配料罐内配制含 $CaCO_3$ 10%～30%（质量分数）的水悬浮液，$CaCO_3$ 事先由天平称量，水位高度按标尺示意，筒身直径 35mm。配制时，应将配料罐底部阀门关闭。

(2) 搅拌：开启空气压缩机，将压缩空气通入配料罐（空气压缩机的出口小球阀保持半开，进入配料罐的两个阀门保持适当开度），使 $CaCO_3$ 悬浮液搅拌均匀。搅拌时，应将配料罐的顶盖合上。

(3) 设定压力：分别打开进压力罐的三路阀门，空气压缩机过来的压缩空气经各定值调节阀分别设定为约 0.1MPa、0.2MPa 和 0.25MPa 三个不同压力（出厂已设定，实验时不需要再调压，若欲做 0.25MPa 以上压力过滤，需调节压力罐安全阀）。设定定值调节阀时，压力罐泄压阀可略开。

(4) 装板框：正确装好滤板、滤框及滤布。滤布使用前用水浸湿，滤布要绷紧，不能起皱。滤布紧贴滤板，密封垫贴紧滤布，同时注意滤板、滤框的方向。

(5) 灌清水：向清水罐通入自来水，液面达视镜 2/3 高度左右。灌清水时，应将安全阀处的泄压阀打开。

(6) 灌料：在压力罐泄压阀打开的情况下，打开配料罐和压力罐间的进料阀门，使料浆自动由配料桶流入压力罐，至其视镜 1/2～2/3 处，关闭进料阀门。

2. 过滤过程

(1) 鼓泡：通压缩空气至压力罐，不断搅拌容器内料浆。压力料槽的排气阀应不断排气，但又不能喷浆。

(2) 过滤：将中间双面板下通孔切换阀开到通孔通路状态。打开进板框前料液进口的两个阀门，打开出板框后清液出口球阀。此时，压力表指示过滤压力，清液出口流出滤液。

每次实验应在滤液从汇集管刚流出的时候作为开始时刻，每次 ΔV 取 800mL 左右。记录相应的过滤时间 $\Delta\tau$。每个压力下，测量 8～10 个读数即可停止实验。若欲得到干而厚的滤饼，则应每个压力下做到没有清液流出为止。量筒交换接滤液时不要流失滤液，等量筒内滤液静止后读出 ΔV 值（注意：ΔV 约 800mL 时替换量筒，这时量筒内滤液量并非正好 800mL，要事先熟悉量筒刻度，不要打碎量筒），此外，要熟练双秒表轮流读数的方法。

一个压力下的实验完成后，先打开泄压阀使压力罐泄压。卸下滤框、滤板、滤布进行清洗，清洗时滤布不要折。每次滤液及滤饼均收集在小桶内，滤饼弄细后重新倒入料浆桶内搅拌配料，进入下一个压力实验。注意若清水罐水不足，可补充一定水源，补水时仍应打开该罐的泄压阀。

3. 清洗过程

(1) 关闭板框过滤的进出阀门。将中间双面板下通孔切换阀开到通孔关闭状态（阀门手柄与滤板平行为过滤状态，垂直为清洗状态）。

(2) 打开清洗液进入板框的进出阀门（板框前两个进口阀，板框后一个出口阀）。此时，压力表指示清洗压力，清液出口流出清洗液。清洗液速度比同压力下过滤速度小很多。

(3) 清洗液流动约 1min，可观察浑浊变化判断结束。一般物料可不进行清洗过程。结束清洗过程，关闭清洗液进出板框的阀门，关闭定值调节阀后进气阀门。

4. 结束实验

先关闭空气压缩机出口球阀，关闭空气压缩机电源。

打开安全阀处泄压阀，使压力罐和清水罐泄压。

卸下滤框、滤板、滤布进行清洗，清洗时滤布不要折。

将压力罐内物料反压到配料罐内备下次使用，或将该两罐物料直接排空后用清水冲洗。

五、数据处理

1. 实验数据记录。

2. 实验数据处理。

（1）在直角坐标系中绘制 $\Delta\tau/\Delta q\text{-}\bar{q}$ 的关系曲线，从图中读斜率求得不同压力下的 K 值，求过滤常数 q_e、τ_e。

（2）将不同压力下测得的 K 值作 $\lg K\text{-}\lg\Delta p$ 曲线，拟合得直线方程，根据斜率为（$1-s$）计算滤饼压缩性指数。

六、思考题

1. 为什么过滤开始时，滤液常常有点浑浊，而过段时间后才变清？

2. 影响过滤速度的主要因素有哪些？

实验 59　中空纤维超滤膜分离能力测定

一、实验目的

1. 掌握超滤膜的分离原理。

2. 了解超滤膜分离能力的评价指标。

3. 了解影响超滤膜分离能力的主要因素。

4. 熟练掌握分光光度计在定量分析中的应用。

二、实验原理

膜分离技术是 21 世纪绿色和节能的高科技产业技术。由于其独特的高效性、节能性、无污染、过程简单等特点，因而在石油化工、生物化学制药、医疗卫生、冶金、电子、能源、食品环保领域得到广泛应用。

超滤是指溶剂小分子与相对分子质量在 500 以上的溶质大分子借助于超滤膜进行的分离过程。超滤膜是对不同分子量的物质进行选择性透过的膜材料，通常为高分子材料制成的多孔物质，它的相对分子质量范围介于 5000~200000，孔径范围介于 $0.02~0.03\mu m$。超滤膜性能参数为截留相对分子质量。将一定孔径范围（即截留相对分子质量）的超滤膜置于溶剂小分子和溶质大分子组成的溶液中，例如聚乙二醇的水溶液，以膜两侧的压力差为推动力，水分子可以透过超滤膜的孔转移到膜的另一侧，而聚乙二醇大分子则被截留下来（图 1）。因此，膜两侧溶液的浓度发生了相对变化，溶质和溶剂得到了一定程度的分离。

图 2 是由超滤膜材料卷成的管，制成类似于列管式换热器的中空纤维超滤膜组件。料液在超滤膜管的外侧流动，超滤液被收集到管内，在超滤膜管外侧得到浓缩液。

超滤膜分离能力评价参数为对某一分子量溶质的脱除率。分别测定过滤前原料液中溶质浓度、过滤后滤出液中溶质浓度，按式（1）计算超滤膜对溶质的脱除率 Ru。Ru 越大表示

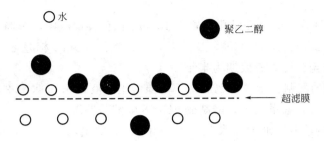

图1 单根中空纤维过滤聚乙二醇的放大示意图

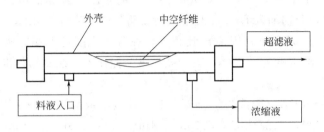

图2 中空纤维超滤膜组件

超滤组件分离效果越好。

$$Ru = \frac{c_0 - c_1}{c_0} \times 100\% \tag{1}$$

式中，c_0为过滤前溶液中大分子溶质的浓度；c_1为过滤后滤出液中大分子溶质的浓度。

影响膜的分离能力的主要因素可以总结为三个方面：膜的截留相对分子质量（截留分子量）、被分离的溶液的组成及溶质分子量大小、分离过程的操作条件（原料液流量、膜两侧压力差）。

本实验分别以聚砜4000和聚砜6000为中空纤维超滤膜组件，测定其对一定初始浓度的相对分子质量为4000～10000聚乙二醇水溶液的分离能力，测定流量及压力对聚乙二醇脱除率的影响。

分离过程中，原料由泵从料液入口打入，在高压的作用下，透过液从中空纤维的中心流出，浓缩液从出口回到出料罐，再循环使用。

三、仪器与试剂

聚乙二醇（MW4000～10000）；冰乙酸、次硝酸铋、碘化钾、碘、醋酸钠、硼酸均为分析纯试剂。

中空超滤纤维膜分离实验装置一套；各种规格棕色容量瓶；移液管；各种规格吸量管；烧杯；量筒。

四、实验步骤

1. 聚乙二醇显色及工作曲线。

方法 I

（1）发色剂配制

① A液：准确称取1.600g次硝酸铋置于100mL容量瓶中，加冰乙酸20mL，全溶，蒸

馏水稀释至刻度。

② B 液：准确称取 40.000g 碘化钾置于 100mL 棕色容量瓶中，蒸馏水稀释全刻度。

③ Dragendoff 试剂：量取 A 液、B 液各 5mL 置于 100mL 棕色容量瓶中，加冰乙酸 40mL，蒸馏水稀释至刻度。有效期为半年。

④ 醋酸缓冲液的配制：量取 $0.2mol \cdot L^{-1}$ 醋酸钠溶液 590mL 及 $0.2mol \cdot L^{-1}$ 冰乙酸溶液 410mL 置于 1000mL 容量瓶中，配制成 pH4.8 醋酸缓冲液。

（2）标准曲线的绘制　准确称取在 60℃下干燥 4h 的聚乙二醇 1.000g 溶于 1000mL 容量瓶中，分别吸取聚乙二醇溶液 1.0mL，3.0mL，5.0mL，7.0mL，9.0mL 稀释于 100mL 容量瓶中配成浓度为 10，30，50，70，90mg·L^{-1} 的聚乙二醇标准溶液。再各取 50mL 加入 100mL 容量瓶中，分别加入 Dragendoff 试剂及醋酸缓冲液各 10mL，蒸馏水稀释到刻度，放置 15min，于波长 510nm 下，用 1cm 比色池，在分光光度计上测定吸光度，用蒸馏水配制参比液。以聚乙二醇浓度为横坐标，吸光度为纵坐标作图，绘制出标准曲线。

方法 Ⅱ

分别配制 $0.05mol \cdot L^{-1}$ 碘液、$0.5mol \cdot L^{-1}$ 硼酸溶液和 $0.1g \cdot L^{-1}$ 聚乙二醇储备液。分别移取 $0.1g \cdot L^{-1}$ 聚乙二醇标准溶液 2mL、4mL、6mL、8mL、10mL 于 100mL 容量瓶中，再加 15mL 硼酸和 2mL 碘液，用蒸馏水稀释至刻度，摇匀后放置 8min，然后磁力搅拌 2min 后于 520nm 下测定吸光度，绘制工作曲线。

2. 了解中空超滤纤维膜分离实验装置（如图 3 所示）。原料液由泵送出，转子流量计计量流量，经精滤器过滤除杂，然后进入中空纤维超滤膜组件。通过控制各阀门的开启与关闭，可以实现两个超滤膜组件的串联、并联或单独操作。浓缩液循环返回原料液贮槽，透过液流入超滤液贮槽，并最终转移回原料液贮槽。

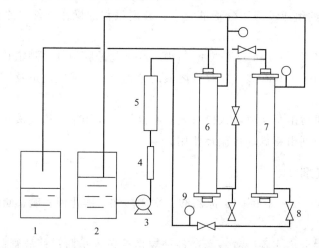

图 3　中空超滤纤维膜分离实验装置（此装置图参照天大北洋超滤膜分离实验装置绘制）

1—超滤液贮槽；2—原料液贮槽；3—泵；4—转子流量计；5—精滤器；

6,7—中空纤维超滤膜组件；8—阀门；9—压力表

3. 于溶液槽内加入约一定量浓度为 30～70mg·L^{-1} 的聚乙二醇水溶液。

4. 系统运转。在总阀关闭的情况下启动泵，然后根据需要打开总阀及相应阀门，在某一流量和压力下运转使仪器运转，此时超滤液和浓缩液均流回原料液槽，运转数分钟（一般为 15～20min）后，取一定量原料液样品待分析。

5. 按实验要求调节流量及相应压力, 将超滤液导入超滤液贮槽, 并开始计时, 运转 20min 时, 取一定量超滤液进行分析。

注意, 在调节下一个参数之前需要将超滤液贮槽中液体倒回原料液贮槽。

五、数据处理

1. 实验数据记录。

2. 实验数据处理。

根据工作曲线计算原料液以及各滤出液浓度, 计算截留率。

3. 通过作压力对聚乙二醇截留率的图得出压力对截流率的影响。

六、思考题

1. 影响膜分离的主要因素是什么?

2. 超滤膜的分离能力评价指标有哪些?

3. 压力对聚乙二醇截留率的影响如何, 为什么?

实验 60　液-液转盘萃取

一、实验目的

1. 了解转盘萃取塔的基本结构、操作方法及萃取的工艺流程。

2. 观察转盘转速变化时, 萃取塔内轻、重两相流动状况, 了解萃取操作的主要影响因素, 研究萃取操作条件对萃取过程的影响。

3. 掌握每米萃取高度的传质单元数 N_{OR}、传质单元高度 H_{OR} 和萃取率 η 的实验测法。

二、基本原理

萃取是分离和提纯物质的重要单元操作之一, 是利用混合物中各组分在外加溶剂中溶解度的差异而实现组分分离的单元操作。使用转盘塔进行液-液萃取操作时, 两种液体在塔内作逆流流动, 其中一相液体作为分散相, 以液滴形式通过另一种连续相液体, 两种液相的浓度则在设备内作微分式的连续变化, 并依靠密度差在塔的两端实现两液相间的分离。当轻相作为分散相时, 相界面出现在塔的上端; 反之, 当重相作为分散相时, 则相界面出现在塔的下端。本实验采用水-煤油-苯甲酸体系, 以水为萃取剂, 从煤油中萃取苯甲酸。水相为萃取相 (用 E 表示), 又称为连续相或者重相。煤油为萃余相 (用 R 表示), 又称为轻相或者分散相。

1. 传质单元法的计算

计算微分逆流萃取塔的塔高时, 主要是采取传质单元法。即以传质单元数和传质单元高度来表征, 传质单元数表示过程分离程度的难易, 传质单元高度表示设备传质性能的好坏。

$$H = H_{OR} N_{OR} \tag{1}$$

式中, H 为萃取塔的有效接触高度, m; H_{OR} 为以萃余相为基准的传质单元高度, m; N_{OR} 为以萃余相为基准的传质单元数, 无量纲。

按定义，N_{OR} 计算式为：

$$N_{OR} = \int_{X_R}^{X_F} \frac{dX}{X - X^*} \qquad (2)$$

式中，X_F 为原料液的组成，表示原料液中苯甲酸的质量分率与煤油的质量分率之比，$kg \cdot kg^{-1}$；X_R 为萃余相的组成，表示萃余相中苯甲酸的质量分率与煤油的质量分率之比，$kg \cdot kg^{-1}$；X 为塔内某截面处萃余相的组成，$kg \cdot kg^{-1}$；X^* 为塔内某截面处与萃取相平衡时的萃余相组成，表示萃取相中苯甲酸的质量分率与水的质量分率之比，$kg \cdot kg^{-1}$。

当萃余相浓度较低时，平衡曲线可近似为过原点的直线，操作线也简化为直线处理，如图 1 所示。

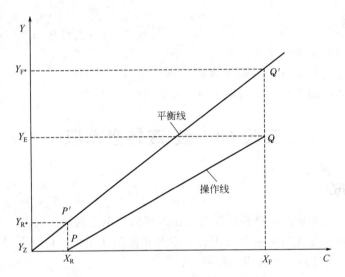

图 1　萃取平均推动力计算示意图

则出式（2）积分得：

$$N_{OR} = \frac{X_F - X_R}{\Delta X_m} \qquad (3)$$

其中 ΔX_m 为传质过程的平均推动力，在操作线、平衡线作直线近似的条件下为：

$$\Delta x_m = \frac{(X_F - X^*) - (X_R - 0)}{\ln \dfrac{(X_F - X^*)}{(X_R - 0)}} = \frac{(X_F - Y_E/k) - X_R}{\ln \dfrac{(X_F - X_E/k)}{X_R}} \qquad (4)$$

式中，k 为分配系数，例如对于本实验的煤油苯甲酸相-水相，$k = 2.26$；Y_E 为萃取相的组成，$kg \cdot kg^{-1}$。

对于 X_F、X_R 和 Y_E，分别在实验中通过取样滴定分析而得，Y_E 也可通过如下的物料衡算而得：

$$
\begin{aligned}
F + S &= E + R \\
F \cdot X_F + S \cdot 0 &= E \cdot Y_E + R \cdot X_R
\end{aligned}
\qquad (5)
$$

式中，F 为原料液流量，$kg \cdot h^{-1}$；S 为萃取剂流量，$kg \cdot h^{-1}$；E 为萃取相流量，$kg \cdot h^{-1}$；R 为萃余相流量，$kg \cdot h^{-1}$。

对稀溶液的萃取过程，因为 $F = R$，$S = E$，所以有：

$$Y_E = \frac{F}{S}(X_F - X_R) \qquad (6)$$

2. 萃取率的计算

萃取率 η 为被萃取剂萃取的组分 A 的量与原料液中组分 A 的量之比

$$\eta = \frac{F \cdot X_F - R \cdot X_R}{F \cdot X_F} \qquad (7)$$

对稀溶液的萃取过程，因为 $F = R$，所以有：

$$\eta = \frac{X_F - X_R}{X_F} \qquad (8)$$

3. 组成浓度的测定

对于煤油苯甲酸相-水相体系，采用酸碱中和滴定的方法测定进料液组成 X_F、萃余液组成 X_R 和萃取液组成 Y_E，即苯甲酸的比质量分率，具体步骤如下。

（1）用移液管量取待测样品 25mL，加 1~2 滴溴百里酚蓝指示剂。

（2）用 KOH-CH$_3$OH 溶液滴定至终点，则所测浓度为：

$$X = \frac{c \Delta V \times 0.122}{25 \times 0.8} \qquad (9)$$

式中，c 为 KOH-CH$_3$OH 溶液的浓度，mol·L^{-1}；ΔV 为滴定用去的 KOH-CH$_3$OH 溶液体积，mL；苯甲酸的摩尔质量为 122g·mol^{-1}，煤油密度为 0.8g·mL^{-1}，样品量为 25mL。

（3）萃取相组成 Y_E 也可按式（6）计算得到。

三、实验装置与流程

本实验可由如图 2 所示的实验装置完成。萃取塔内径为 60mm，塔高 1.2m，传质区域高 750mm。

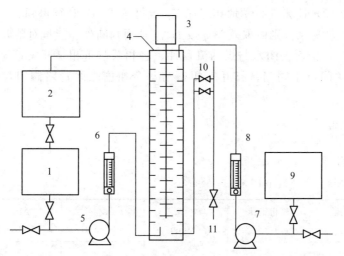

图 2　转盘萃取实验装置（本实验装置图参照浙大中控液液萃取实验装置绘制）

1—轻相槽；2—萃余相槽（回收槽）；3—电机搅拌系统；4—萃取塔；5—轻相泵；6—轻相流量计；
7—重相泵；8—重相流量计；9—重相槽；10—Π管闸阀；11—萃取相出口

本装置操作时应先在塔内灌满连续相——水,然后加入分散相——煤油(含有饱和苯甲酸),待分散相在塔顶凝聚一定厚度的液层后,通过连续相的Ⅱ管闸阀调节两相的界面于一定高度,对于本装置采用的实验物料体系,凝聚是在塔的上端进行(塔的下端也设有凝聚段)。本装置外加能量的输入,可通过直流调速器来调节中心轴的转速。

四、实验步骤

1. 准备工作

(1)将煤油配制成含苯甲酸的混合物(配制成饱和或近饱和),然后灌入轻相槽内。注意:勿直接在槽内配置饱和溶液,防止固体颗粒堵塞煤油输送泵的入口。轻相槽与萃余相槽之间管路阀门处于关闭状态。

(2)接通水管,将水灌入重相槽内,在实验运行中进水阀门应处于开启状态。

2. 实验过程

(1)依次打开仪器总开关、轻相泵开关、重相泵开关。

(2)在实验要求的范围内调节水流量(参考流量范围 $10\sim20L\cdot h^{-1}$)。

(3)打开电机转速开关,调节转速(参考 $300\sim600r\cdot min^{-1}$)。

(4)水在萃取塔内搅拌流动,连续运行 5min 后,开启煤油管路,调节煤油流量(参考流量范围 $10\sim20L\cdot h^{-1}$)。注意:在进行数据计算时,对煤油转子流量计测得的数据要校正,即煤油的实际流量应为 $V_{校}=\sqrt{\dfrac{1000}{800}}V_{测}$,其中 $V_{测}$ 为煤油流量计上的显示值。

(5)运转约 5min 后,待分散相在塔顶凝聚一定厚度的液层后,通过调节连续相出口管路中Ⅱ形管上的两个阀门开度来调节两相界面高度。待两相界面恒定约 5min 后,分别取原料液、萃取液、萃余液,并测定其组成。

(6)样品分析。采用酸碱中和滴定方法测定进料液组成 X_F、萃余液组成 X_R 和萃取液组成 Y_E,即苯甲酸的比质量分率,具体步骤如下。

用移液管量取待测样品 25mL,加 $1\sim2$ 滴溴百里酚蓝指示剂;用 KOH-CH_3OH 溶液滴定至终点,利用式(9)计算 X,萃取相组成 Y_E 也可按式(6)计算得到。

(7)通过改变转速来分别测取效率 η 或 H_{OR},从而判断外加能量对萃取过程的影响。

(8)结束程序:依次关闭水与煤油流量计、轻相泵与重相泵开关;搅拌转速回零,关闭仪器总开关;关闭进水阀门;打开轻相槽与萃余相槽之间管路阀门,将萃余相返回轻相槽。

五、数据处理

1. 实验数据记录

KOH 的浓度 = _____ $mol\cdot L^{-1}$

编号	重相流量 $q_V/L\cdot h^{-1}$	轻相流量 $q_V/L\cdot h^{-1}$	转 速 $n/r\cdot min^{-1}$	ΔV_F /mL(KOH)	ΔV_R /mL(KOH)	ΔV_S /mL(KOH)
1						
2						
3						

2. 数据处理结果列表

编 号	转速 n	萃余相浓度 X_R	萃取相浓度 Y_E	平均推动力 ΔX_m	传质单元高度 H_{OR}	传质单元数 N_{OR}	效率 η
1							
2							
3							

六、思考题

1. 分析比较萃取实验装置与吸收、精馏实验装置的异同点？

2. 从实验结果分析转盘转速变化对萃取传质系数与萃取率的影响。

3. 采用中和滴定法测定原料液、萃取相、萃余相的组成时，标准碱为什么选用 KOH-CH_3OH 溶液，而不选用 KOH-H_2O 溶液？

参考文献

［1］ 方国女. 基础化学实验（Ⅰ）. 第二版. 北京：化学工业出版社，2005.

［2］ H. D. 克罗克福特等. 物理化学实验. 赫润蓉等译. 北京：人民教育出版社，1981.

［3］ 北京大学化学院物化实验组. 物理化学实验. 第四版. 北京：北京大学出版社，2002.

［4］ 北京师范大学无机化学教研室. 无机化学实验. 北京：高等教育出版社，2001.

［5］ 蔡炳新，陈贻文. 基础化学实验. 第二版. 北京：科学出版社，2007.

［6］ 藏瑾光. 物理化学实验. 北京：北京理工大学出版社，1995.

［7］ 陈斌. 物理化学实验. 北京：中国建材工业出版社，2004.

［8］ 陈大勇，高永煜编. 物理化学实验. 上海：华东理工大学出版社，2000.

［9］ 崔学桂. 基础化学实验（Ⅰ）. 北京：化学工业出版社，2003.

［10］ 大连理工大学无机化学教研室. 无机化学实验. 北京：高等教育出版社，2004.

［11］ 东北师范大学等. 物理化学实验. 第二版. 北京：高等教育出版社，1989.

［12］ 东北师范大学等. 物理化学实验. 北京：高等教育出版社，1989.

［13］ 傅献彩，沈文霞，姚天扬等. 物理化学. 第五版. 北京：高等教育出版社，2006.

［14］ 顾良证，武传昌，岳瑛等. 物理化学实验. 南京：江苏科学技术出版社，1986.

［15］ 顾晓梅. 基础化学实验. 北京：化学工业出版社，2008.

［16］ 顾月姝，宋淑娥. 物理化学实验. 第二版. 北京：化学工业出版社，2007.

［17］ 郭政，程牛亮. 现代药学实验技术·药学基本实验技术（第一卷）. 北京：中国医药科技出版社，2006.

［18］ 郭子成，杨建一，罗青枝. 物理化学实验. 北京：北京理工大学出版社，2005.

［19］ 海力茜，陶大洪. 无机化学实验指导. 北京：科学出版社，2007.

［20］ 韩德刚，高执棣，高盘良. 物理化学. 北京：高等教育出版社，2001.

［21］ 韩喜江，张云天，吕祖舜. 物理化学实验. 哈尔滨：哈尔滨工业大学出版社，2004.

［22］ 洪惠婵，黄钟奇. 物理化学实验. 广州：中山大学出版社，1993.

［23］ 湖南大学化学化工学院. 基础化学实验. 北京：科学出版社，2001.

［24］ 华东化工学院无机化学教研组. 无机化学实验. 北京：高等教育出版社，1999.

［25］ 华东师范大学等. 物理化学实验. 北京：人民教育出版社，1982.

［26］ 华南理工大学物化教研室. 物理化学实验. 广州：华南工业大学出版社，2006.

［27］ 淮阴师范专科学校化学科. 物理化学实验. 北京：高等教育出版社，1986.

［28］ 黄泰山，陈良坦，韩国彬等. 新编物理化学实验. 厦门：厦门大学出版社，1999.

［29］ 蒋碧如，潘润身. 无机化学实验. 北京：高等教育出版社，2001.

［30］ 蒋月秀，龚福忠，李俊杰. 物理化学实验. 上海：华东理工大学出版社，2005.

［31］ 金丽萍，邬时清，陈大勇. 物理化学实验. 上海：华东理工大学出版社，2005.

［32］ 李梅君. 化学实验（Ⅰ）. 第二版. 北京：化学工业出版社，2006.

[33] 李天安，彭秧. 化学基础实验Ⅱ. 重庆：华南师范大学出版社，2007.

[34] 刘冠昆，车冠全，陈六平，童叶翔. 物理化学. 广州：中山大学出版社，2000.

[35] 刘寿长，张建民，徐顺. 物理化学实验与技术. 郑州：郑州大学出版社，2004.

[36] 刘永辉. 电化学测试技术. 北京：北京航空学院出版社，1987.

[37] 刘振海. 分析化学手册（第八分册热分析）. 北京：化学工业出版社，2004.

[38] 吕慧娟，吴凤清，杨桦. 物理化学实验. 长春：吉林大学出版社，1999.

[39] 罗澄源，向明礼. 物理化学实验. 北京：高等教育出版社，2004.

[40] 罗士平，袁爱华. 基础化学实验（下）. 北京：化学工业出版社，2005.

[41] 马建峰. 化学实验教学论. 北京：科学出版社，2006.

[42] 南京大学大学化学实验教学组. 大学化学实验. 北京：高等教育出版社，1999.

[43] 南开大学化学系物化教研室. 物理化学实验. 天津：南开大学出版社，1991.

[44] 山东大学. 物理化学与胶体化学实验. 北京：人民教育出版社，1983.

[45] 苏克曼，张济新. 仪器分析实验. 第二版. 北京：高等教育出版社，2005.

[46] 孙承谔，王之朴等译. 化学动力学和历程. 第二版. 北京：科学出版社，1987.

[47] 孙尔康，徐维清，邱金恒编. 物理化学实验. 南京：南京大学出版社，1997.

[48] 唐林，孟阿兰，刘天红. 物理化学实验. 北京：化学工业出版社，2008.

[49] 王风云. 大学化学实验（3）-测试实验与技术. 北京：化学工业出版社，2007.

[50] 王克强，王捷，吴本芳. 新编无机化学实验. 上海：华东理工大学出版社，2001.

[51] 王丽芳，康艳珍. 物理化学实验. 北京：化学工业出版社，2007.

[52] 王秋长，赵鸿喜，张守民等. 基础化学实验. 北京：科学出版社，2003.

[53] 王世润，程绍玲，刘雁红等. 基础化学实验（有机及物化部分）. 天津：南开大学出版社，2002.

[54] 王晓菊. 电导法测定表面活性剂溶液的临界胶束浓度. 化学工程师，1997（5）：15-16.

[55] 吴子生，严忠，褚莹等. 物理化学实验指导书. 长春：华东师范大学出版社，1995.

[56] 武汉大学化学与分子科学学院实验中心编. 物理化学实验. 武汉：武汉大学出版社，2004.

[57] 夏海涛. 物理化学实验. 哈尔滨：哈尔滨工业大学出版社，2003.

[58] 杨百勤. 物理化学实验. 北京：化学工业出版社，2001.

[59] 杨文治. 电化学基础. 北京：北京大学出版社，1982.

[60] 姚广伟，卜平宇. 物理化学实验. 北京：中国农业出版社，2003.

[61] 叶芬霞. 无机及分析化学实验. 北京：高等教育出版社，2004.

[62] 叶康民. 金属腐蚀与防护概论. 北京：人民教育出版社，1980.

[63] 翟永清，马志领，李志林. 无机化学实验. 北京：化学工业出版社，2007.

[64] 展勇. 大学物理实验. 第三版. 天津：天津大学出版社，1999.

[65] 郑传明，吕桂琴. 物理化学实验. 北京：北京理工大学出版社，2005.

[66] 周公度，段连运. 结构化学基础. 北京：北京大学出版社，2002.

[67] 朱霞石. 大学化学实验：基础化学实验一. 南京：南京大学出版社，2006.

[68] 朱湛，傅引霞. 无机化学实验. 北京：北京理工大学出版社，2007.

[69] 朱志昂. 近代物理化学. 北京：科学出版社，2004.

[70] 陈宝林，刘冬生，冯祥明. 电动势法测量热力学函数实验改进. 新乡学院学报（自然科学版）.28（6）：509-510.

[71] 武汉大学. 化学工程基础（第二版）. 北京：高等教育出版社，2009.

[72] 王建成，卢燕，陈振. 化工原理实验. 上海：华东理工大学出版社，2007.

[73] 北京师范大学化学工程教研室. 化学工程基础实验. 北京：人民教育出版社，1980.

［74］ 武汉大学，兰州大学，复旦大学. 化工基础实验. 北京：高等教育出版社，2005.

［75］ 张金利，张建伟，郭翠梨，胡瑞杰. 化工原理实验. 天津：天津大学出版社，2005.

［76］ 天津大学化工学院化工基础实验中心. 化工基础实验指导. 2006.

［77］ 冯亚云. 化工基础实验. 北京：化学工业出版社，2000.

［78］ 北京大学等. 化工基础实验. 北京：北京大学出版社，2004.